초등

수·연산

다음 학년 수학이 쉬워지는

수해력

1
단
계

| 초등 1학년 권장 |

정답과 풀이는 EBS 초등사이트(primary.ebs.co.kr)에서 다운로드 받으실 수 있습니다.

| 교 재 내 용 문 의 | 교재 내용 문의는 EBS 초등사이트 (primary.ebs.co.kr)의 교재 Q&A 서비스를 활용하시기 바랍니다. | 교 재 정오표 공 지 | 발행 이후 발견된 정오 사항을 EBS 초등사이트 정오표 코너에서 알려 드립니다. 강좌/교재 → 교재 로드맵 → 교재 선택 → 정오표 | 교 재 정 정 신 청 | 공지된 정오 내용 외에 발견된 정오 사항이 있다면 EBS 초등사이트를 통해 알려 주세요. 강좌/교재 → 교재 로드맵 → 교재 선택 → 교재 Q&A |

강화 단원으로 키우는
초등 수해력

수학 교육과정에서의 **중요도와 영향력**, 학생들이 특히 **어려워하는 내용**을 분석하여
다음 학년 수학이 더 쉬워지도록 선정하였습니다.

 개념 강화 향후 수학 학습에 **영향력이 큰 개념 요소**를 선정했습니다.
탄탄한 개념 이해가 가능하도록 꼭 집중하여 학습해 주세요.

 연습 강화 무엇보다 문제 풀이를 반복하는 것이 중요한 단원을 의미합니다.
충분한 반복 연습으로 계산 실수를 줄이도록 학습해 주세요.

 응용 강화 실생활 활용 문제가 자주 나오는, **응용 실력**을 길러야 하는 단원입니다.
다양한 유형으로 **문제 해결 능력**을 길러 보세요.

수·연산과 도형·측정을 함께 학습하면 학습 효과 상승!

수·연산

수의 특성과 연산을 학습하는 영역으로 자연수, 분수, 소수 등
수의 체계 확장에 따라 수와 사칙 연산을 익히며
수학의 기본기와 응용력을 다져야 합니다.

수와 연산은 학년마다 개념이 점진적으로 확장되므로
개념 연결 구조를 이용하여 사고를 확장하며 나아가는 나선형 학습이 필요합니다.

도형·측정

여러 범주의 도형이 갖는 성질을 탐구하고, 양을 비교하거나 단위를 이용하여
수치화하는 학습 영역입니다.
논리적인 사고력과 현상을 해석하는 능력을 길러야 합니다.

도형과 측정은 여러 학년에서 조금씩 배워 휘발성이 강하므로 도출되는 원리
이해를 추구하고, 충분한 연습으로 익숙해지는 과정이 필요합니다.

초등

수·연산

다음 학년 수학이 쉬워지는

수해력

1 단계

| 초등 1학년 권장 |

수학은 왜 어렵게 느껴질까요?

가장 큰 이유는 수학 학습의 특성 때문입니다.

수학은 내용들이 유기적으로 연결되어 학습이 누적된다는 특징을 갖고 있습니다.

내용 간의 위계가 확실하고 학년마다 개념이 점진적으로 확장되어 나선형 구조라고도 합니다.

이 때문에 작은 부분에서도 이해를 제대로 하지 못하고 넘어가면,

작은 구멍들이 모여 커다란 학습 공백을 만들게 됩니다.

이로 인해 수학에 대한 흥미와 자신감까지 잃을 수 있습니다.

수학 실력은 한 번에 길러지는 것이 아니라 꾸준한 학습을 통해 향상됩니다.

하지만 단순히 문제를 반복적으로 풀기만 한다면 사고의 폭이 제한될 수 있습니다.

따라서 올바른 방법으로 수학을 학습하는 것이 중요합니다.

EBS 초등 **수해력** 교재를 통해 학습 효과를 극대화할 수 있는 올바른 수학 학습을 안내하겠습니다.

1 걸려 넘어지기 쉬운 내용 요소를 알고 대비해야 합니다.

학습은 효율이 중요합니다. 무턱대고 시작하면 힘만 들 뿐 실력은 크게 늘지 않습니다.
쉬운 내용은 간결하게 넘기고, 중요한 부분은 강화 단원의 안내에 따라 집중 학습하세요.
 *학교 선생님들이 모여 학생들이 자주 걸려 넘어지는 내용을 선별하고, 개념 강화/연습 강화/응용 강화 단원으로 구성했습니다.

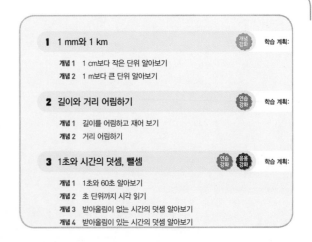

2 새로운 개념은 이미 아는 것과 연결하여 익혀야 합니다.

학년이 올라갈수록 수학의 개념은 점차 확장되고 깊어집니다. 아는 것과 모르는 것을 비교하여 학습하면 새로운 것이 더 쉬워지고, 개념의 핵심 원리를 이해할 수 있습니다.

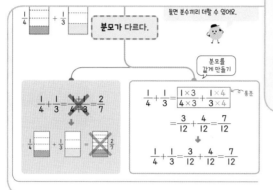

특히, 오개념을 형성하기 쉬운 개념은 잘못된 풀이와 올바른 풀이를 비교하며 확실하게 이해하고 넘어가세요.

3 문제 적응력을 길러 기억에 오래 남도록 학습해야 합니다.

단계별 문제를 통해 기초부터 응용까지 체계적으로 학습하며 문제 해결 능력까지 함께 키울 수 있습니다.

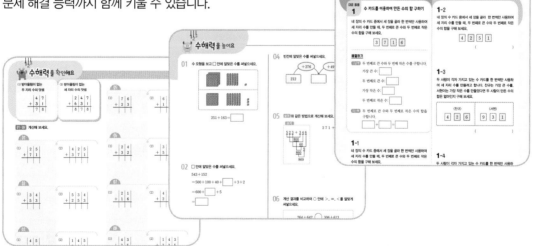

넘어지지 않는 것보다 중요한 것은, 넘어졌을 때 포기하지 않고 다시 나아가는 힘입니다.
EBS 초등 수해력과 함께 꾸준한 학습으로 수학의 기초 체력을 튼튼하게 길러 보세요.
어느 순간 수학이 쉬워지는 경험을 할 수 있을 거예요.

이 책의 구성과 특징

이번 단원에서 배울 내용을 만화를 통해 확인할 수 있습니다.

단원 열기

단원에서 등장하는 주요 수학 어휘를 살펴볼 수 있습니다.

중단원별로 강화된 부분을 확인할 수 있습니다.

학습 계획 날짜를 체크하며 과정을 스스로 관리할 수 있습니다.

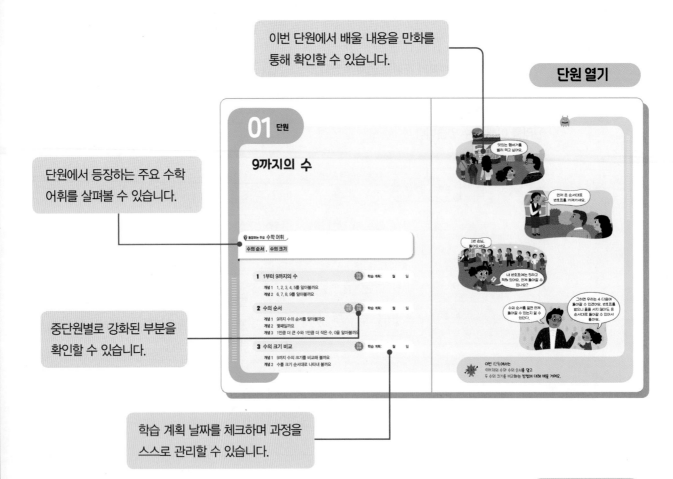

개념 학습

이전에 배운 내용과 새로 배울 내용을 한눈에 보면서 개념을 확장할 수 있습니다.

개념의 구조와 핵심 내용을 시각적으로 파악할 수 있습니다.

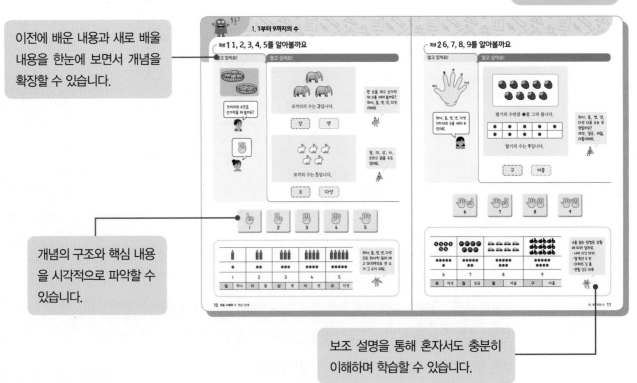

보조 설명을 통해 혼자서도 충분히 이해하며 학습할 수 있습니다.

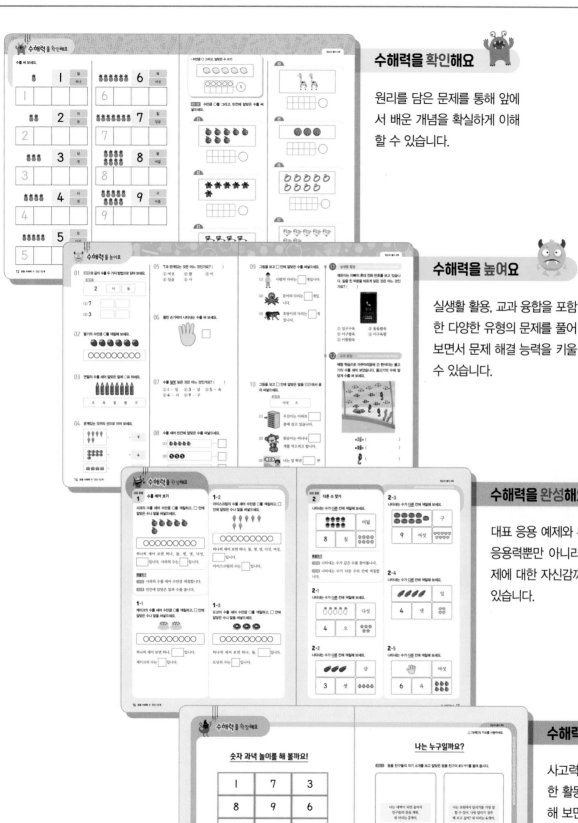

수해력을 확인해요

원리를 담은 문제를 통해 앞에서 배운 개념을 확실하게 이해할 수 있습니다.

수해력을 높여요

실생활 활용, 교과 융합을 포함한 다양한 유형의 문제를 풀어 보면서 문제 해결 능력을 키울 수 있습니다.

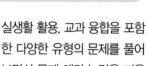

수해력을 완성해요

대표 응용 예제와 유제를 통해 응용력뿐만 아니라 고난도 문제에 대한 자신감까지 키울 수 있습니다.

수해력을 확장해요

사고력을 확장할 수 있는 다양한 활동에 학습한 내용을 적용해 보면서 단원을 마무리할 수 있습니다.

초등 수학 **학습** 로드맵

EBS 초등 수해력은 '수·연산', '도형·측정'의 두 갈래의 영역으로 나누어져 있으며, 각 영역별로 예비 초등학생을 위한 P단계부터 6단계까지 총 7단계로 구성했습니다. 총 14권의 체계적인 교재 구성으로 꾸준하게 학습을 진행할 수 있습니다.

수·연산

	1단원	2단원	3단원	4단원	5단원
P단계	수 알기 →	모으기와 가르기 →	더하기와 빼기		
1단계	9까지의 수 →	한 자리 수의 덧셈과 뺄셈 →	100까지의 수 →	받아올림과 받아내림이 없는 두 자리 수의 덧셈과 뺄셈 →	세 수의 덧셈과 뺄셈
2단계	세 자리 수 →	네 자리 수 →	덧셈과 뺄셈 →	곱셈 →	곱셈구구
3단계	덧셈과 뺄셈 →	곱셈 →	나눗셈 →	분수와 소수	
4단계	큰 수 →	곱셈과 나눗셈 →	규칙과 관계 →	분수의 덧셈과 뺄셈 →	소수의 덧셈과 뺄셈
5단계	자연수의 혼합 계산 →	약수와 배수, 약분과 통분 →	분수의 덧셈과 뺄셈 →	수의 범위와 어림하기, 평균 →	분수와 소수의 곱셈
6단계	분수의 나눗셈 →	소수의 나눗셈 →	비와 비율 →	비례식과 비례배분	

도형·측정

	1단원	2단원	3단원	4단원	5단원
P단계	위치 알기 →	여러 가지 모양 →	비교하기 →	분류하기	
1단계	여러 가지 모양 →	비교하기 →	시계 보기		
2단계	여러 가지 도형 →	길이 재기 →	분류하기 →	시각과 시간	
3단계	평면도형 →	길이와 시간 →	원 →	들이와 무게	
4단계	각도 →	평면도형의 이동 →	삼각형 →	사각형 →	다각형
5단계	다각형의 둘레와 넓이 →	합동과 대칭 →	직육면체		
6단계	각기둥과 각뿔 →	직육면체의 부피와 겉넓이 →	공간과 입체 →	원의 넓이 →	원기둥, 원뿔, 구

이 책의 차례 ||||||||||||||||||||||||||||||||||||||||||||||||||||||||||||||||||||||

01 단원

9까지의 수

❓ 등장하는 주요 수학 어휘

수의 순서 , 수의 크기

맛있는 햄버거를 빨리 먹고 싶어요.

먼저 온 순서대로 번호표를 가져가세요.

1번 손님, 들어오세요.

내 번호표에는 5라고 적혀 있어요. 언제 들어갈 수 있나요?

그러면 우리는 4 다음에 들어갈 수 있겠어요. 번호표를 받으니 줄을 서지 않아도 온 순서대로 들어갈 수 있어서 좋아요.

수의 순서를 알면 언제 들어갈 수 있는지 알 수 있단다.

이번 1단원에서는
9까지의 수와 수의 순서를 알고
두 수의 크기를 비교하는 방법에 대해 배울 거예요.

1. 1부터 9까지의 수

개념 1 1, 2, 3, 4, 5를 알아볼까요

알고 있어요!

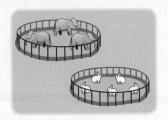

코끼리의 수만큼 손가락을 펴 볼까요?

알고 싶어요!

코끼리의 수는 **3**입니다.

삼	셋

토끼의 수는 **5**입니다.

오	다섯

한 손을 펴고 손가락의 수를 세어 볼까요? 하나, 둘, 셋, 넷, 다섯 이에요

일, 이, 삼, 사, 오라고 읽을 수도 있어요.

l	2	3	4	5

✏	✏✏	✏✏✏	✏✏✏✏	✏✏✏✏✏
●	●●	●●●	●●●●	●●●●●
l	2	3	4	5
일 하나	이 둘	삼 셋	사 넷	오 다섯

하나, 둘, 셋, 넷, 다섯으로 하나씩 짚어 세고 마지막으로 센 수가 그 수가 돼요.

개념 2 6, 7, 8, 9를 알아볼까요

알고 있어요!

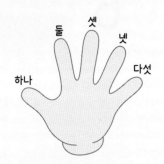

하나, 둘, 셋, 넷, 다섯 5까지의 수를 세어 보았어요.

알고 싶어요!

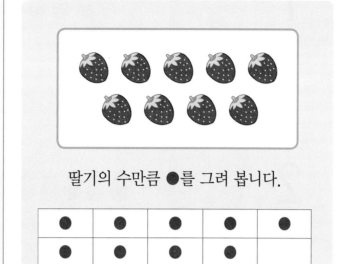

딸기의 수만큼 ●를 그려 봅니다.

●	●	●	●	●
●	●	●	●	

딸기의 수는 **9**입니다.

구	아홉

하나, 둘, 셋, 넷, 다섯 다음 수는 무엇일까요?
여섯, 일곱, 여덟, 아홉이에요.

⚽⚽⚽⚽⚽	🏀🏀🏀🏀🏀🏀🏀	🚗🚗🚗🚗 🚗🚗🚗🚗	🚲🚲🚲 🚲🚲🚲 🚲🚲🚲
●●●●● ●	●●●●● ●●	●●●●● ●●●	●●●●● ●●●●
6	7	8	9
육 | 여섯	칠 | 일곱	팔 | 여덟	구 | 아홉

수를 읽는 방법은 상황에 따라 달라요.
· 나비 여섯 마리
· 일 학년 육 반
· 아파트 칠 층
· 연필 일곱 자루

수해력을 확인해요

수를 써 보세요.

	일
1	하나

1			

	육
6	여섯

6			

	이
2	둘

2			

	칠
7	일곱

7			

	삼
3	셋

3			

	팔
8	여덟

8			

	사
4	넷

4			

	구
9	아홉

9			

	오
5	다섯

5			

• 수만큼 ○ 그리고, 알맞은 수 쓰기

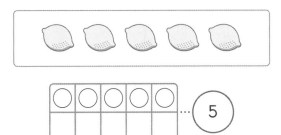

··· 5

01~07 수만큼 ○를 그리고, 빈칸에 알맞은 수를 써 넣으세요.

01

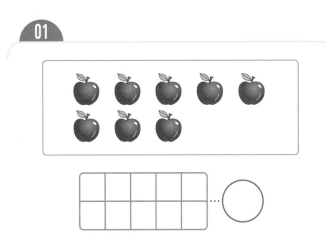

02

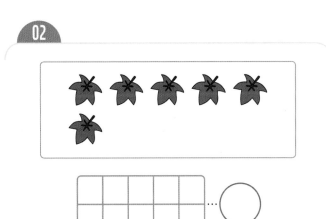

03

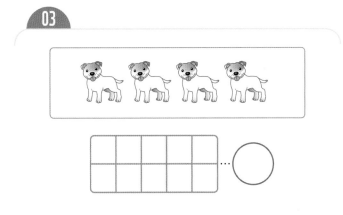

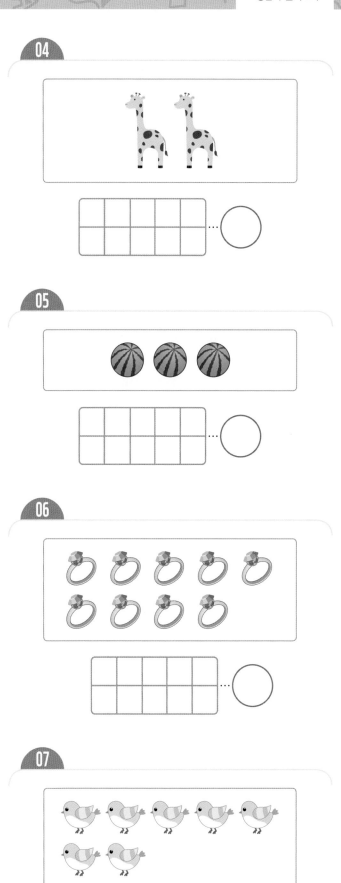

수해력을 높여요

01 보기와 같이 수를 두 가지 방법으로 읽어 보세요.

보기

| 2 | 이 | 둘 |

(1) **7** [ ] [ ]

(2) **3** [ ] [ ]

02 딸기의 수만큼 ○를 색칠해 보세요.

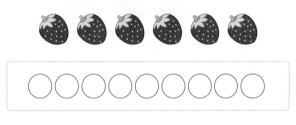

○○○○○○○○○○

03 연필의 수를 세어 알맞은 말에 ○표 하세요.

| 오 | 육 | 칠 | 팔 | 구 |

04 관계있는 것끼리 선으로 이어 보세요.

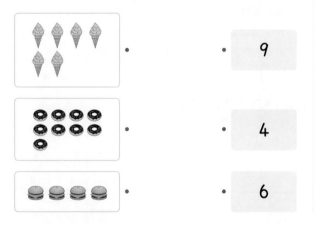

· 9

· 4

· 6

05 7과 관계있는 것은 어느 것인가요? (   )

① 여섯   ② 팔   ③ 이
④ 일곱   ⑤ 사

06 펼친 손가락이 나타내는 수를 써 보세요.

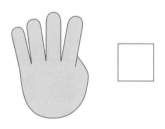

[ ]

07 수를 잘못 읽은 것은 어느 것인가요? (   )

① 1 - 일   ② 3 - 삼   ③ 5 - 육
④ 4 - 사   ⑤ 9 - 구

08 수를 세어 빈칸에 알맞은 수를 써넣으세요.

(1) 🍎🍎🍎🍎🍎 — [ ]

(2) ⚽⚽⚽ — [ ]

(3) 🚲🚲🚲🚲🚲🚲🚲🚲 — [ ]

09 그림을 보고 □ 안에 알맞은 수를 써넣으세요.

(1) 사람의 다리는 □ 개입니다.

(2) 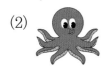 문어의 다리는 □ 개입니다.

(3)  호랑이의 다리는 □ 개입니다.

10 그림을 보고 □ 안에 알맞은 말을 [보기] 에서 골라 써넣으세요.

보기

다섯   오

(1) → 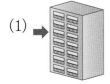 우진이는 아파트 □ 층에 살고 있습니다.

(2)  원숭이는 바나나 □ 개를 먹으려고 합니다.

(3) 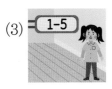 나는 일 학년 □ 반이야.

11 실생활 활용

예은이는 아빠의 휴대 전화 번호를 보고 있습니다. 밑줄 친 부분을 바르게 읽은 것은 어느 것인가요? ( )

① 일구구육   ② 둘둘팔육
③ 이구팔육   ④ 이구육팔
⑤ 이팔팔육

12 교과 융합

체험 학습으로 아쿠아리움에 간 현석이는 물고기의 수를 세어 보았습니다. 물고기의 수에 알맞게 수를 써 보세요.

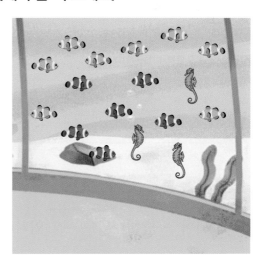

 ( )

 ( )

( )

대표 응용 1

수를 세어 보기

사과의 수를 세어 수만큼 ○를 색칠하고, □ 안에 알맞은 수나 말을 써넣으세요.

○○○○○○○○○

하나씩 세어 보면 하나, 둘, 셋, 넷, 다섯,

□ 입니다. 사과의 수는 □ 입니다.

해결하기

[1단계] 사과의 수를 세어 수만큼 색칠합니다.

[2단계] 빈칸에 알맞은 말과 수를 씁니다.

1-1

케이크의 수를 세어 수만큼 ○를 색칠하고, □ 안에 알맞은 수나 말을 써넣으세요.

○○○○○○○○○

하나씩 세어 보면 하나, □ 입니다.

케이크의 수는 □ 입니다.

1-2

아이스크림의 수를 세어 수만큼 ○를 색칠하고, □ 안에 알맞은 수나 말을 써넣으세요.

○○○○○○○○○

하나씩 세어 보면 하나, 둘, 셋, 넷, 다섯, 여섯,

□ 입니다.

아이스크림의 수는 □ 입니다.

1-3

도넛의 수를 세어 수만큼 ○를 색칠하고, □ 안에 알맞은 수나 말을 써넣으세요.

○○○○○○○○○

하나씩 세어 보면 하나, 둘, □ 입니다.

도넛의 수는 □ 입니다.

대표 응용
2 **다른 수 찾기**

나타내는 수가 <u>다른</u> 칸에 색칠해 보세요.

해결하기

1단계 나타내는 수가 같은 수를 찾아봅니다.

2단계 나타내는 수가 다른 수의 칸에 색칠합니다.

2-1

나타내는 수가 <u>다른</u> 칸에 색칠해 보세요.

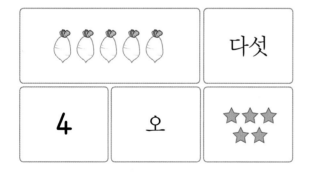

2-2

나타내는 수가 <u>다른</u> 칸에 색칠해 보세요.

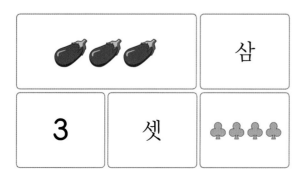

2-3

나타내는 수가 <u>다른</u> 칸에 색칠해 보세요.

2-4

나타내는 수가 <u>다른</u> 칸에 색칠해 보세요.

2-5

나타내는 수가 <u>다른</u> 칸에 색칠해 보세요.

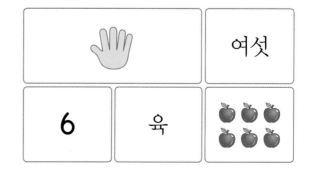

2. 수의 순서

개념 1 9까지 수의 순서를 알아볼까요

엘리베이터를 타고 9층으로 올라가고 있습니다. 1▷2▷3▷4▷5▷6▷7▷8▷9의 순서로 수가 바뀌어요.

1 2 3 4 5 6 7 8 9

- 1 다음 수는 2입니다.
- 4 다음 수는 5입니다.
- 8 다음 수는 9입니다.

9 8 7 6 5 4 3 2 1

- 엘리베이터를 타고 9층에서 내려옵니다. 9▷8▷7▷6▷5▷4▷3▷2▷1의 순서로 수가 바뀝니다.

음식점에 가면 먼저 온 순서대로 번호표를 받아요. 번호표가 있으면 순서대로 이용할 수 있어요.

사방치기는 1번부터 8번까지 수의 순서대로 한 발이나 두 발로 갔다가 되돌아오는 놀이예요.

1 2 3 4 5 6 7 8 9

[1부터 9까지의 수를 순서대로 알아보기]

•	••	•••	••••	••• ••	••• •••	••• ••• •	••• ••• ••	••• ••• •••
1	2	3	4	5	6	7	8	9
일	이	삼	사	오	육	칠	팔	구

수를 순서대로 쓰면 1, 2, 3, 4, 5, 6, 7, 8, 9입니다.

[1부터 9까지 수의 순서를 거꾸로 하여 알아보기]

••• ••• •••	••• ••• ••	••• ••• •	••• •••	••• ••	••••	•••	••	•
9	8	7	6	5	4	3	2	1
구	팔	칠	육	오	사	삼	이	일

준비 완료!
9, 8, 7, 6, 5, 4, 3, 2, 1 로켓 발사!
9부터 1까지 수를 세고 로켓이 발사됩니다.

개념 2 몇째일까요

알고 있어요!

우리는 사람이 많을 때
차례차례 줄을 서요.

마트에서
물건을
살 때 줄을
서요.

복도에서
선생님을
따라 걸을 때
줄을 서요.

알고 싶어요!

호진	나리	주원	택수	지민
5	4	3	2	l
다섯째	넷째	셋째	둘째	첫째

- 줄을 서 있는 어린이는 몇 명인가요?
  - 어린이는 5명입니다.
- 줄을 서 있는 어린이의 순서를 말해 볼까요?
  - 지민이는 첫째입니다.
  - 택수는 둘째입니다.
  - 호진이는 다섯째입니다.

'몇 개'와 '몇째'를 구
분할 수 있어요. 순서를
차례대로 짚어 보며 말
해 보는 것이 중요해요.

넷(4)	●●●●○
넷째	○○○●○

1	2	3	4	5	6	7	8	9
첫째	둘째	셋째	넷째	다섯째	여섯째	일곱째	여덟째	아홉째

♥	♥♥	♥♥♥	♥♥♥♥	♥♥♥♥ ♥	♥♥♥♥ ♥♥	♥♥♥♥ ♥♥♥	♥♥♥♥ ♥♥♥♥	♥♥♥ ♥♥♥ ♥♥♥
하나	둘	셋	넷	다섯	여섯	일곱	여덟	아홉
l	2	3	4	5	6	7	8	9

순서는 기준에 따라
달라집니다.
어디서부터 세는지에
따라 순서가 다릅니다.

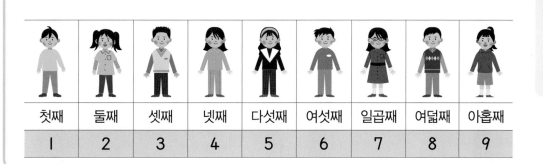

첫째	둘째	셋째	넷째	다섯째	여섯째	일곱째	여덟째	아홉째
l	2	3	4	5	6	7	8	9

개념 3 1만큼 더 큰 수와 1만큼 더 작은 수, 0을 알아볼까요

계란말이 1개 더 주세요.
콩은 1개 빼 주세요.

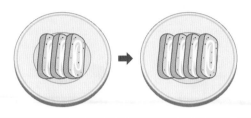

계란말이를 1개 더 많이 받았어요.

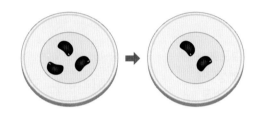

콩은 1개 더 적게 받았어요.

1만큼 더 작은 수   1만큼 더 큰 수

· 3보다 1만큼 더 작은 수는 2입니다.
· 3보다 1만큼 더 큰 수는 4입니다.

[1만큼 더 큰 수와 1만큼 더 작은 수]

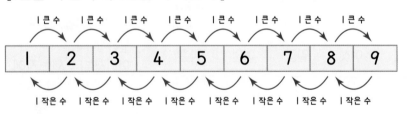

· 1만큼 더 큰 수는 하나 많은 수,
　바로 뒤의 수를 나타내요.
· 1만큼 더 작은 수는 하나 적은 수,
　바로 앞의 수를 나타내요.

[0 알아보기]

2

1

0

아무것도 없는 것을 0이라
쓰고 영이라고 읽습니다.

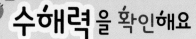

수해력을 확인해요

• 알맞게 ○ 색칠하기

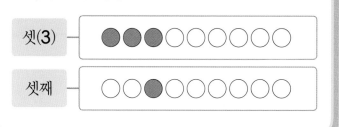

• 순서에 맞게 수 쓰기

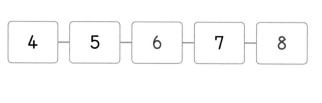

01~04 알맞게 ○를 색칠해 보세요.

01

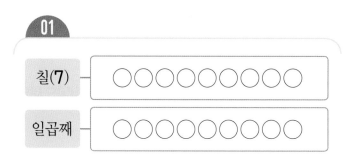

05~08 순서에 맞게 빈칸에 알맞은 수를 써넣으세요.

05

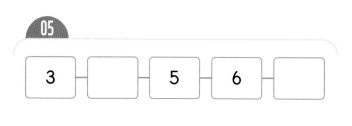

02

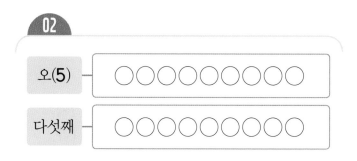

06

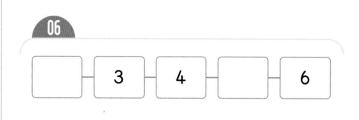

03

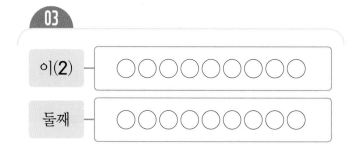

07

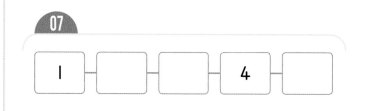

04

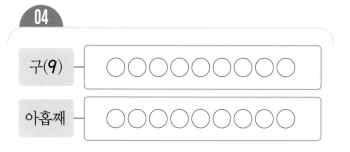

08

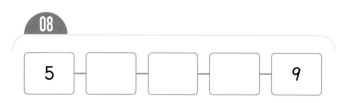

01 수의 순서에 맞게 빈칸에 알맞은 수를 써넣으세요.

1		3	4	

02 그림을 보고 알맞은 말에 ○표 하세요.

(1)

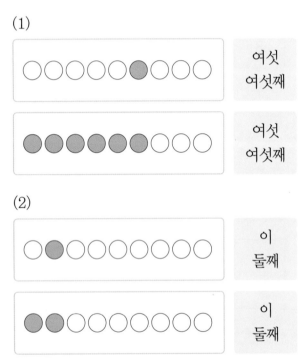

여섯
여섯째

여섯
여섯째

(2)

이
둘째

이
둘째

03 수의 순서에 맞게 점을 연결해 보세요.

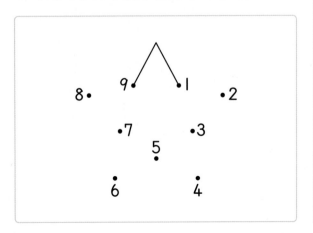

04 관계있는 것끼리 선으로 이어 보세요.

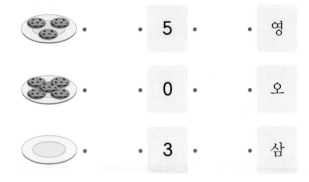

	5		영
	0		오
	3		삼

05 색칠한 칸은 몇째인지 알맞은 말을 써넣으세요.

위

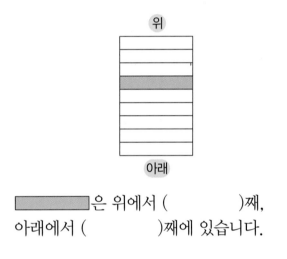

아래

███████은 위에서 (   )째,
아래에서 (   )째에 있습니다.

06 그림을 보고 물음에 답하세요.

(1) 🚲 는 왼쪽에서 몇째인지 ○표 하세요.

| 둘째 | 셋째 | 넷째 |

(2) 은 오른쪽에서 몇째인지 ○표 하세요.

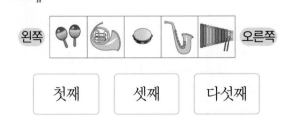

| 첫째 | 셋째 | 다섯째 |

07 ~ 08 그림을 보고 물음에 답해 보세요.

07 원숭이는 아래에서 몇째에 있을까요?

(   )

08 위에서 둘째에 있는 동물의 이름을 써 보세요.

(   )

09 관계있는 것끼리 선으로 이어 보세요.

위

- 아래에서 셋째
- 위에서 둘째
- 위에서 여섯째
- 아래에서 첫째
- 위에서 다섯째

아래

10 수의 순서에 맞게 보기와 같이 선으로 이어 보세요.

보기

하나	둘	아홉
넷	셋	여덟
다섯	여섯	일곱

11 실생활 활용

수의 순서에 맞게 글자를 써서 암호를 풀어 보세요.

암호문을 풀고 열쇠가 있는 위치를 찾아보자!

〈암호문〉

9	1	4	8	2	7	3	5	6
어	열	액	있	쇠	에	는	자	뒤

↓

1	2	3	4	5	6	7	8	9

12 교과 융합

수의 순서에 맞게 사물함에 수를 써 보세요.

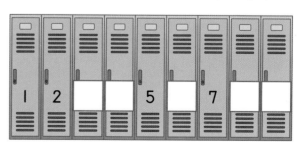

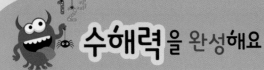

대표 응용
1 **몇째인지 알기**

████████은 위에서 셋째 칸,

████████은 아래에서 둘째 칸에
있습니다.

████████과 ████████ 사이에
는 몇 개의 칸이 있는지 구해 보세요.

위

아래

해결하기

[1단계] ████████과 ████████이 각각 어느
칸에 있는지 색칠해 봅니다.

[2단계] ████████와 ████████ 사이에는

⬜ 개의 칸이 있습니다.

1-1

████████은 아래에서 다섯째 칸,

████████은 위에서 둘째 칸에
있습니다.

████████과 ████████ 사이에
는 몇 개의 칸이 있는지 구해 보세
요.

위

아래

████████과 ████████ 사이에는 ⬜ 개
의 칸이 있습니다.

1-2

████████은 위에서 첫째 칸,

████████은 아래에서 넷째 칸에
있습니다.

████████과 ████████ 사이에
는 몇 개의 칸이 있는지 구해 보세
요.

위

아래

████████과 ████████ 사이에는 ⬜ 개
의 칸이 있습니다.

1-3

🍔는 오른쪽에서 둘째 칸, 🍟은 왼쪽에서 넷째
칸에 있습니다. 🍔와 🍟 사이에는 몇 개의 칸
이 있는지 구해 보세요.

왼쪽 | | | | | | | 오른쪽

🍔와 🍟 사이에는 ⬜ 개의 칸이 있습니다.

1-4

🦆는 왼쪽에서 넷째 칸, 🦁는 오른쪽에서 넷
째 칸에 있습니다. 🦆와 🦁 사이에는 몇 개의
칸이 있는지 구해 보세요.

왼쪽 | | | | | | | 오른쪽

🦆와 🦁 사이에는 ⬜ 개의 칸이 있습니다.

대표 응용 2 수의 순서 알기

순서에 맞게 빈칸에 알맞은 수를 쓰고, 왼쪽에서 셋째인 수를 써 보세요.

| 왼쪽 | 6 | 5 | | | 2 | 오른쪽 |

해결하기

1단계 수의 순서에 맞게 빈칸에 알맞은 수를 씁니다.

| 6 | 5 | | | 2 |

2단계 왼쪽에서부터 순서를 알아봅니다.

| 6 | 5 | | | 2 |
| 첫째 | 둘째 | 셋째 | 넷째 | 다섯째 |

3단계 왼쪽에서 셋째인 수는 ☐ 입니다.

2-1

순서에 맞게 빈칸에 알맞은 수를 쓰고, 오른쪽에서 둘째인 수를 써 보세요.

| 왼쪽 | 9 | 8 | 7 | | | 오른쪽 |

( )

2-2

순서에 맞게 빈칸에 알맞은 수를 쓰고, 왼쪽에서 넷째인 수를 써 보세요.

| 왼쪽 | 2 | | 4 | | 6 | 오른쪽 |

( )

2-3

순서에 맞게 빈칸에 알맞은 수를 쓰고, 오른쪽에서 첫째인 수를 써 보세요.

| 왼쪽 | | 4 | 5 | 6 | | 오른쪽 |

( )

2-4

순서에 맞게 빈칸에 알맞은 수를 쓰고, 왼쪽에서 셋째인 수를 써 보세요.

| 왼쪽 | 7 | 6 | | | 3 | 오른쪽 |

( )

3. 수의 크기 비교

개념 1 9까지 수의 크기를 비교해 볼까요

알고 있어요!

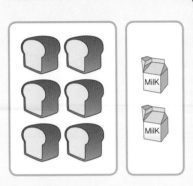

많다　　　적다

알고 싶어요!

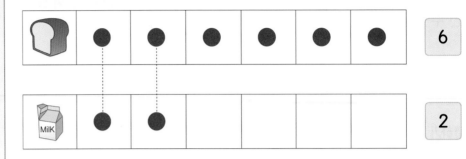

6

2

- 은 보다 많습니다.

  6은 2보다 큽니다.

- 는 보다 적습니다.

  2는 6보다 작습니다.

> 하나씩 짝 지었을 때 남는 쪽의 수가 크고, 모자라는 쪽의 수가 작아요.

| 1부터 9까지 수의 순서 | ➡ | 1부터 9까지 수의 크기 비교 |

💡 1부터 9까지 수의 크기를 비교할 수 있어요.

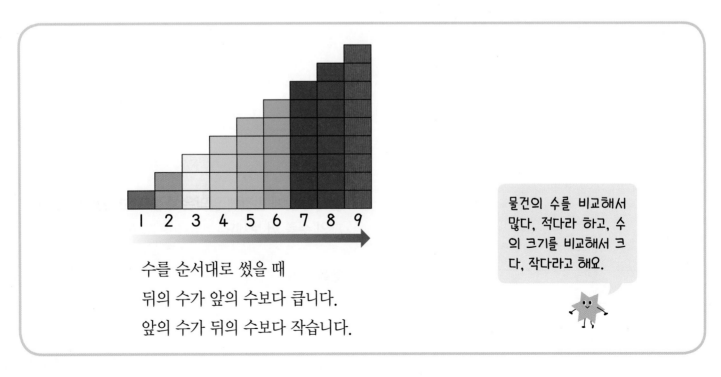

수를 순서대로 썼을 때
뒤의 수가 앞의 수보다 큽니다.
앞의 수가 뒤의 수보다 작습니다.

> 물건의 수를 비교해서 많다, 적다라 하고, 수의 크기를 비교해서 크다, 작다라고 해요.

개념 **2** 수를 크기 순서대로 나타내 볼까요

알고 싶어요!

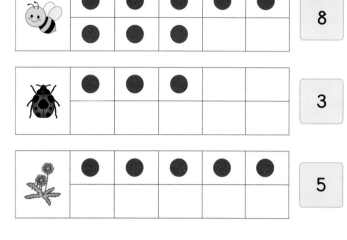

	● ● ● ● ●	
🐝	● ● ●	8

	● ● ●	
🐞		3

	● ● ● ● ●	
🌼		5

여러 가지 수의 크기를 비교할 수 있어요.

가장 큰 수는 **8**입니다.
가장 작은 수는 **3**입니다.

🐝 [8]

🐞 [3]

🌼 [5]

💡 세 수의 크기를 비교할 때는 수를 순서대로 쓰면 수의 크기를 비교하기 쉬워요.

1	2	3	4	5	6	7	8	9
●	● ●	● ● ●	● ● ● ●	● ● ● ● ●	● ● ● ● ● ●	● ● ● ● ● ● ●	● ● ● ● ● ● ● ●	● ● ● ● ● ● ● ● ●

수를 작은 수부터 순서대로 쓰면 **3, 5, 8**입니다.
수를 큰 수부터 순서대로 쓰면 **8, 5, 3**입니다.

1부터 **9**까지 수의 순서를 보고 **3**보다 크고 **6**보다 작은 수를 찾아봅니다.

수의 순서를 보고 두 가지 조건을 모두 만족하는 수를 찾을 수 있어요.

				3보다 큰 수				
1	2	3	4	5	6	7	8	9
	6보다 작은 수							

3보다 크고 **6**보다 작은 수는 **4**와 **5**입니다.

수해력을 확인해요

• 알맞은 수 쓰고 크기 비교하기

| 6 | 🍩🍩🍩🍩🍩🍩 |
| 4 | 🍩🍩🍩🍩 |

🍩은 🍩보다 (**많습니다**, 적습니다).

6은 4보다 (**큽니다**, 작습니다).

01~03 빈칸에 알맞은 수를 써넣고, 알맞은 말에 ○표 하세요.

01

🌻는 🌹보다 (많습니다 , 적습니다).

8은 5보다 (큽니다 , 작습니다).

02

| | 🐼🐼🐼🐼🐼 |
| | 🦁🦁🦁🦁🦁🦁🦁🦁🦁 |

🐼은 🦁보다 (많습니다 , 적습니다).

5는 9보다 (큽니다 , 작습니다).

03

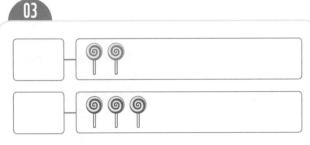

🍭은 🍭보다 (많습니다 , 적습니다).

2는 3보다 (큽니다 , 작습니다).

• 알맞게 색칠하고 크기 비교하기

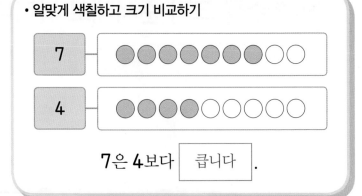

| 7 | 🔘🔘🔘🔘🔘🔘🔘⚪⚪ |
| 4 | 🔘🔘🔘🔘⚪⚪⚪⚪⚪ |

7은 4보다 [큽니다] .

04~06 수만큼 ○를 색칠하고, □ 안에 알맞은 말을 **보기**에서 찾아 써 보세요.

보기

큽니다 , 작습니다

04

| 3 | ○○○○○○○○○ |
| 4 | ○○○○○○○○○ |

3은 4보다 [　　　] .

05

| 8 | ○○○○○○○○○ |
| 9 | ○○○○○○○○○ |

8은 9보다 [　　　] .

06

| 6 | ○○○○○○○○○ |
| 2 | ○○○○○○○○○ |

6은 2보다 [　　　] .

• 조건에 해당하는 수 모두 색칠하기

5보다 크고 8보다 작은 수

1	2	3	4	5	6	7	8	9

07~09 1부터 9까지의 수 중 다음에 해당하는 수를 모두 색칠해 보세요.

07

2보다 크고 5보다 작은 수

1	2	3	4	5	6	7	8	9

08

1보다 크고 4보다 작은 수

1	2	3	4	5	6	7	8	9

09

4보다 크고 9보다 작은 수

1	2	3	4	5	6	7	8	9

10~11 가장 큰 수를 찾아 써 보세요.

10

6	3	8

( )

11

5	2	6

( )

12~13 가장 작은 수를 찾아 써 보세요.

12

4	2	7

( )

13

8	9	5

( )

수해력을 높여요

01 수만큼 ○를 색칠하고, 알맞은 말에 ○표 하세요.

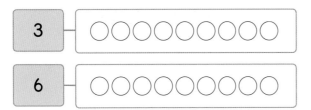

- 3은 6보다 (큽니다 , 작습니다).
- 6은 3보다 (큽니다 , 작습니다).

02 빈칸에 알맞은 수를 써넣고, 두 수의 크기를 비교해 보세요.

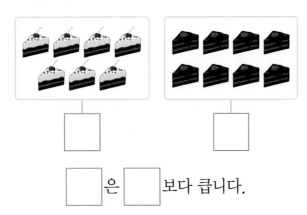

☐ 은 ☐ 보다 큽니다.

03 주어진 수보다 큰 수에 모두 ○표 하세요.

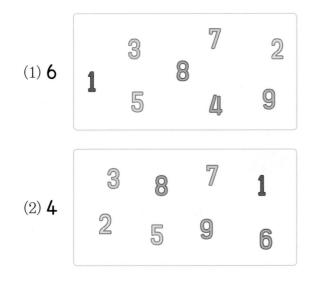

(1) 6

(2) 4

04 더 큰 수에 ○표 하세요.

(1) | 2 | 7 |

(2) | 5 | 4 |

05 더 작은 수에 ○표 하세요.

(1) | 8 | 6 |

(2) | 9 | 1 |

06 그림을 보고 ☐ 안에 알맞은 수를 써넣으세요.

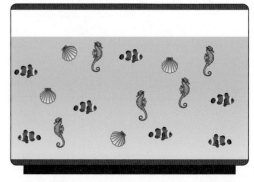

큰 수부터 순서대로 쓰면

☐ , ☐ , ☐ 입니다.

07 작은 수부터 차례대로 써 보세요.

5	2	3	7	8

↓

08 4보다 작은 수를 모두 찾아 써 보세요.

5	l	9	3	6

( )

09 □ 안에 알맞은 수를 써넣으세요.

(1) 7, 3, 5 중 가장 큰 수는 □ 입니다.

(2) 4, 8, 2 중 가장 작은 수는 □ 입니다.

10 실생활 활용 ‖‖‖‖‖‖‖‖‖‖‖‖‖‖‖‖‖‖‖‖‖‖

주사위 게임에서 더 큰 수가 나오면 이기게 됩니다. 승희를 이긴 친구를 찾아 ○표 하세요.

승희

현석   주안   지안

( )   ( )   ( )

11 교과 융합 ‖‖‖‖‖‖‖‖‖‖‖‖‖‖‖‖‖‖‖‖‖‖‖

동물원에 있는 동물의 수만큼 색칠한 뒤, 동물원에 어떤 동물이 가장 많은지 구해 보세요.

사자	3마리
사슴	9마리
코끼리	4마리

9			
8			
7			
6			
5			
4			
3	■		
2	■		
l	■		
	사자	사슴	코끼리

동물원에는 ( )이/가 가장 많습니다.

대표 응용 1 수의 크기 비교

2보다 크고 7보다 작은 수를 모두 찾아 써 보세요.

| 9 | 4 | 1 | 3 | 8 |

해결하기

1단계 9, 4, 1, 3, 8을 작은 수부터 순서대로

쓰면 ☐, ☐, ☐, ☐, ☐ 입니다.

2단계 이 중 2보다 크고 7보다 작은 수는

☐, ☐ 입니다.

1-1

5보다 크고 9보다 작은 수를 모두 찾아 써 보세요.

| 8 | 7 | 2 | 3 | 1 |

(   )

1-2

3보다 크고 8보다 작은 수를 모두 찾아 써 보세요.

| 1 | 5 | 8 | 9 | 7 |

(   )

1-3

1보다 크고 6보다 작은 수를 모두 찾아 써 보세요.

| 2 | 8 | 7 | 5 | 6 |

(   )

1-4

3보다 크고 7보다 작은 수를 모두 찾아 써 보세요.

| 1 | 4 | 6 | 2 | 7 |

(   )

대표 응용
2 **수를 크기 순서대로 나타내기**

다음 수를 작은 수부터 순서대로 쓸 때, 셋째인 수를 써 보세요.

4	1	7	6	3

해결하기

1단계 작은 수부터 순서대로 써 봅니다.

1				

2단계 수의 순서를 알아봅니다.

1				
첫째	둘째	셋째	넷째	다섯째

3단계 따라서 셋째인 수는 [ ]입니다.

2-1

다음 수를 작은 수부터 순서대로 쓸 때, 둘째인 수를 써 보세요.

9	1	8	5	2

(   )

2-2

다음 수를 작은 수부터 순서대로 쓸 때, 다섯째인 수를 써 보세요.

5	8	3	7	9

(   )

2-3

다음 수를 큰 수부터 순서대로 쓸 때, 넷째인 수를 써 보세요.

1	7	2	5	8

(   )

2-4

다음 수를 큰 수부터 순서대로 쓸 때, 둘째인 수를 써 보세요.

2	5	3	6	7

(   )

숫자 과녁 놀이를 해 볼까요!

1	7	3
8	9	6
4	5	2

발사대

활동 1 가위바위보로 순서를 정한 뒤 발사대에 바둑알(지우개나 공깃돌도 가능)을 놓고 손가락으로 튕깁니다. 바둑알이 도착한 칸의 수만큼 색칠합니다. 가장 먼저 칸을 모두 색칠한 사람이 이깁니다.

이름:				

이름:				

⚠ [부록]의 자료를 사용하세요.

나는 누구일까요?

활동 2　동물 친구들의 자기 소개를 보고 알맞은 동물 친구의 붙임 딱지를 붙여 봅시다.

나는 새벽이 되면 울어서
친구들의 잠을 깨워.
내 다리는 **2**개야.

나는 초원에서 달리기를 가장 잘
할 수 있어. 나랑 달리기 경주
해 보고 싶어? 내 다리는 **4**개야.

나는 크고 멋진 턱을 갖고 있어.
이 턱으로 싸우면 누구든 물리칠
수 있지. 내 다리는 **6**개야.

나는 바다에 살고 있어. 먹물 통을
가지고 있어서 적이 오면 물리칠
수 있지. 내 다리는 **8**개야.

02 단원

한 자리 수의 덧셈과 뺄셈

등장하는 주요 수학 어휘

덧셈 , 뺄셈

이번 2단원에서는
한 자리 수의 덧셈과 뺄셈을 배울 거예요. 덧셈과 뺄셈은 앞으로의 수학 공부에 매우 중요해요!
그리고 우리 생활에서도 정말 많이 쓰인답니다!

1. 모으기와 가르기

개념 1 모으기와 가르기를 해 볼까요

과자 2개와 3개를 모으기 하면 5개가 됩니다.

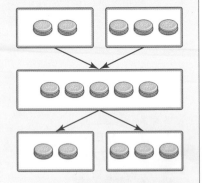

과자 5개는 2개와 3개로 가르기 할 수 있습니다.

2와 3을 모으면 5가 됩니다.

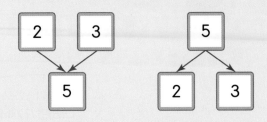

5는 2와 3으로 가르기 할 수 있습니다.

모으기와 가르기의 관계

💡 모으기 한 수를 모으기 전의 두 수로 가르기 할 수 있습니다.

[수 모으기와 가르기]

모형 3개와 1개를 모으기 하면 4개가 됩니다.

3과 1을 모으기 하면 4가 됩니다.

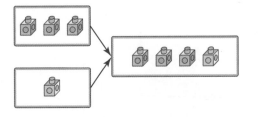

모형의 수를 세어서 모으기를 해 봐요.

모형 4개는 2개와 2개로 가르기 할 수 있습니다.

4는 2와 2로 가르기 할 수 있습니다.

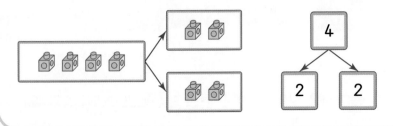

4는 2와 2로 가르기 할 수 있고, 2와 2를 모으기 하면 4가 돼요.

[두 수를 모으기 하는 여러 가지 방법 찾아보기]

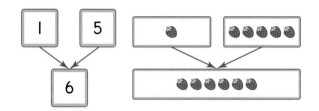

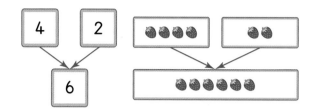

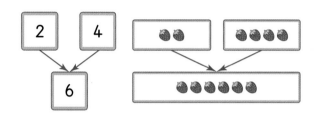

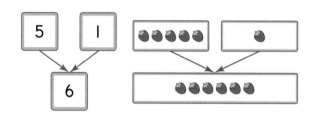

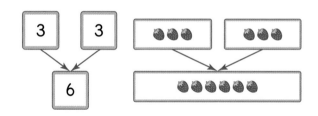

두 수를 모으기 하는 방법은
여러 가지가 있어요.

[수를 가능한 모든 경우로 가르기]

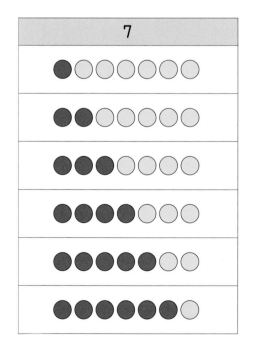

빨간색에 쓰여진 숫자가
1씩 커지면 노란색에
쓰여진 숫자는 1씩 작아
져요.

7을 가르기 할 수
있는 방법은 모두
6가지예요.

• ○ 모으기

• 수 모으기

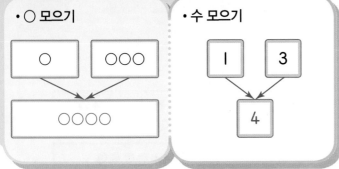

01 ~ 07 모으기와 가르기를 해 보세요.

01

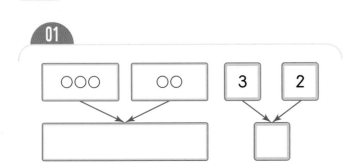

02

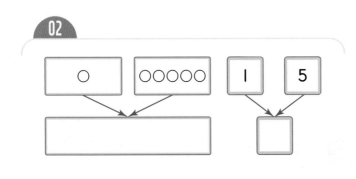

03

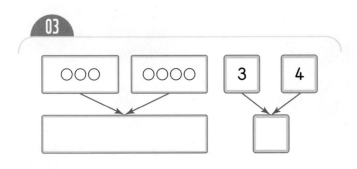

04

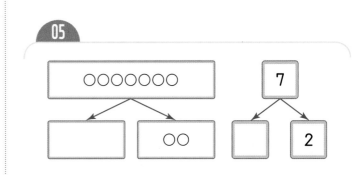

05

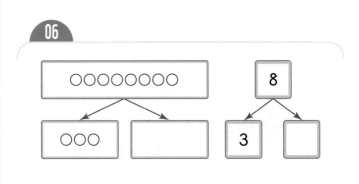

06

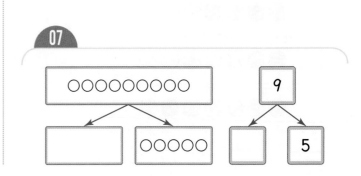

07

수해력을 높여요

01~04 모으기와 가르기를 해 보세요.

01

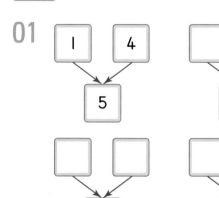

02

03

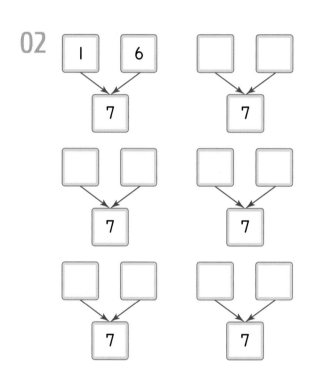

4 가르기		
● ○ ○ ○	1	3
● ● ○ ○		
● ● ● ○		

04

6 가르기		
● ○ ○ ○ ○ ○	1	5
● ● ○ ○ ○ ○		
● ● ● ○ ○ ○		
● ● ● ● ○ ○		
● ● ● ● ● ○		

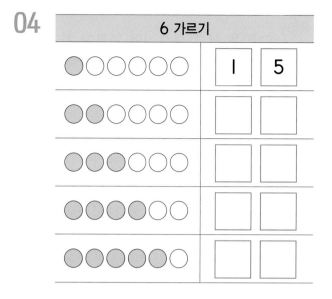

05 실생활 활용 ||||||||||||||||||||||||||

그림을 보고 하영이와 지수가 찾은 네잎클로버는 모두 몇 개인지 구해 보세요.

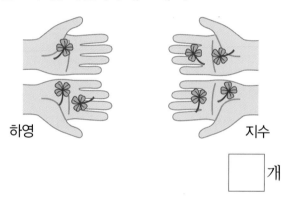

하영   지수

☐ 개

06 교과 융합 ||||||||||||||||||||||||||

선생님께서 도화지 5장을 각각의 모둠에 어떻게 나누어 주어야 할지 구해 보세요.

도화지는 한 사람에 한 장씩이에요.

1모둠   2모둠

1모둠 (   )장
2모둠 (   )장

수해력을 완성해요

대표 응용 1 그림을 보고 모으기와 가르기 하기

빈칸에 알맞은 수를 써넣으세요.

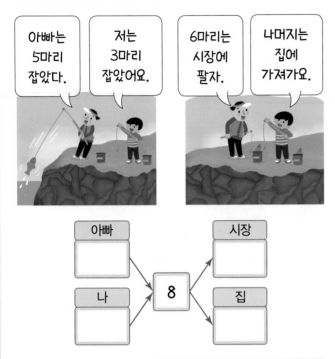

아빠		시장
	8	
나		집

해결하기

1단계 아빠와 내가 잡은 물고기의 수를 써넣어 봅니다.

2단계 물고기 8마리를 시장에 판 물고기 수와 집에 가져간 물고기 수로 가르기 해 봅니다.

1-1

빈칸에 알맞은 수를 써넣으세요.

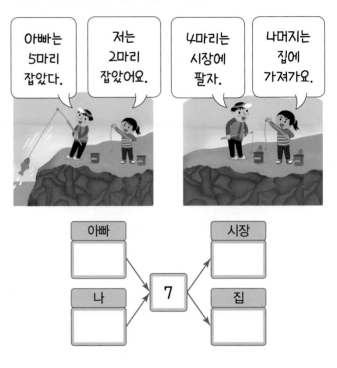

아빠		시장
	7	
나		집

1-2

빈칸에 알맞은 수를 써넣으세요.

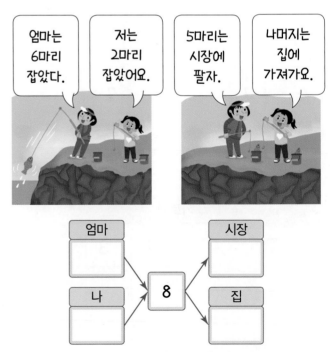

엄마		시장
	8	
나		집

대표 응용 2 모아서 몇이 되는 두 수를 찾아 연결하기

모아서 6이 되는 수를 찾아 연결해 보세요.

해결하기

1단계 모아서 6이 되는 두 수를 찾습니다.

1과 ☐ , 3과 ☐ , 4와 ☐

2단계 찾은 수를 연결합니다.

2-1

모아서 7이 되는 수를 찾아 연결해 보세요.

2-2

모아서 8이 되는 수를 찾아 연결해 보세요.

2-3

모아서 9가 되는 수를 찾아 연결해 보세요.

2. 한 자리 수의 덧셈과 뺄셈

개념 1 한 자리 수의 덧셈을 해 볼까요

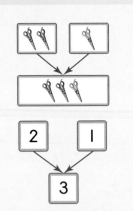

가위 2개와 1개를 모으기
하면 3개가 됩니다.

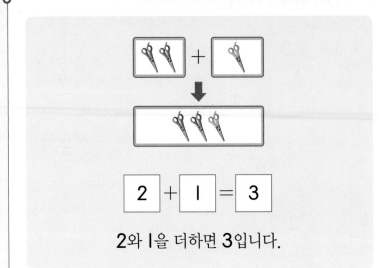

$$2 + 1 = 3$$

2와 1을 더하면 3입니다.

모으기를 더하
기에 이용할
수 있어요.

더하기   같다

$$3 \quad + \quad 1 \quad = \quad 4$$

💡 3 더하기 1은 4입니다. 3 더하기 1은 4와 같습니다. 3과 1의 합은 4입니다.

[보태는 더하기]

$$3 + 2 = 5$$

장난감 공룡 3개에 2개를 보태면
5개가 됩니다.
3 더하기 2는 5입니다.

수학 어휘

덧셈
두 수를 더하는 것을 두
수의 덧셈이라고 합니다.

3개에서 2개가 늘어났으
므로 5개가 돼요.

[모으는 더하기]

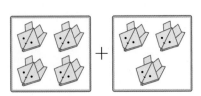

$$4 + 3 = 7$$

내가 접은 토끼 4개와 친구가 접은 토끼
3개를 모으면 7개가 됩니다.
4 더하기 3은 7입니다.

4개와 3개를 합치면
7개가 돼요.

개념 2 한 자리 수의 뺄셈을 해 볼까요

알고 있어요!

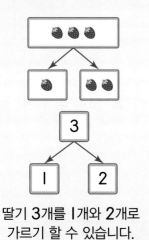

딸기 3개를 1개와 2개로
가르기 할 수 있습니다.

알고 싶어요!

$$3 - 1 = 2$$

3 빼기 1은 2입니다.

가르기를 뺄셈
에 이용할 수
있어요.

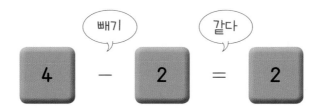

빼기   같다

4   -   2   =   2

💡 4 빼기 2는 2입니다. 4 빼기 2는 2와 같습니다. 4와 2의 차는 2입니다.

[덜어 내는 빼기]

$$6 - 2 = 4$$

돈가스 6조각 중에서 2조각을 먹고
4조각이 남았습니다.
6 빼기 2는 4입니다.

수학 어휘

뺄셈
어떤 수에서 어떤 수를
빼는 것을 두 수의 뺄셈
이라고 합니다.

[차이 나는 빼기]

$$4 - 3 = 1$$

초록색 안경 4개가 파란색 안경 3개보다
1개 더 많습니다.
4 빼기 3은 1입니다.

큰 수에서 작은 수를
빼면 차를 구할 수
있어요.

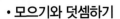

수해력을 확인해요

• 모으기와 덧셈하기

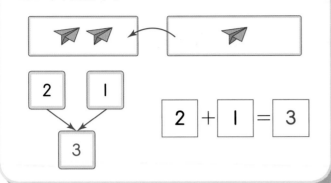

$2 + 1 = 3$

01~07 그림을 보고 모으기와 덧셈을 해 보세요.

01

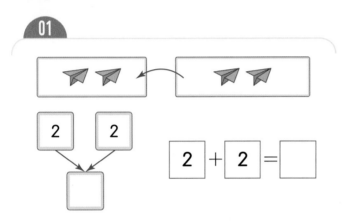

$2 + 2 = \square$

02

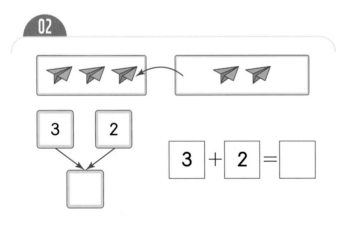

$3 + 2 = \square$

03

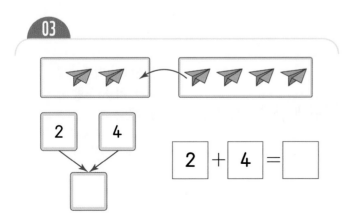

$2 + 4 = \square$

04

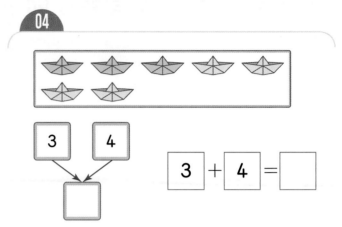

$3 + 4 = \square$

05

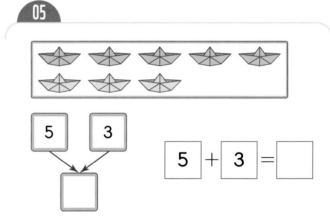

$5 + 3 = \square$

06

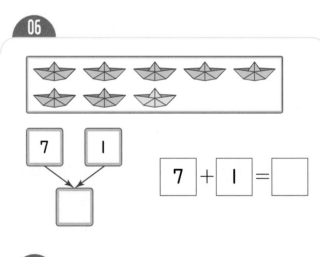

$7 + 1 = \square$

07

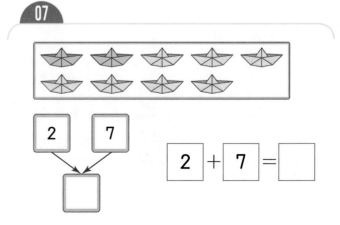

$2 + 7 = \square$

• 가르기와 뺄셈하기

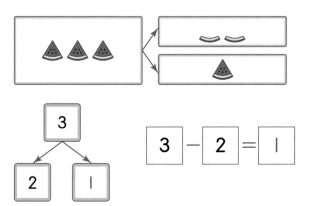

3

2   1

$3 - 2 = 1$

08~13 그림을 보고 가르기와 뺄셈을 해 보세요.

08

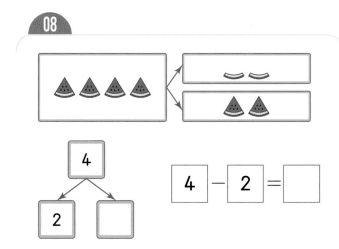

4

2   □

$4 - 2 = \square$

09

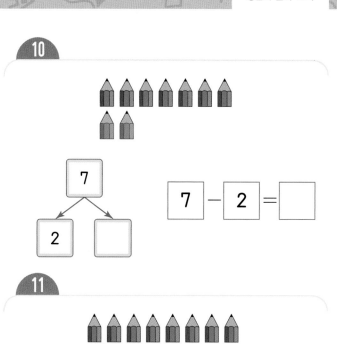

5

1   □

$5 - 1 = \square$

10

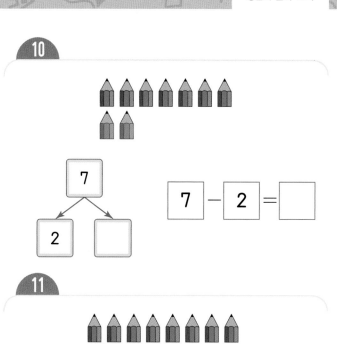

7

2   □

$7 - 2 = \square$

11

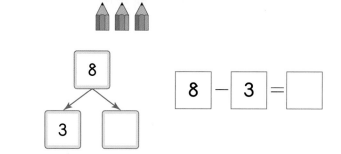

8

3   □

$8 - 3 = \square$

12

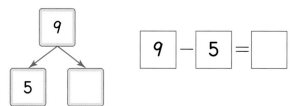

9

5   □

$9 - 5 = \square$

13

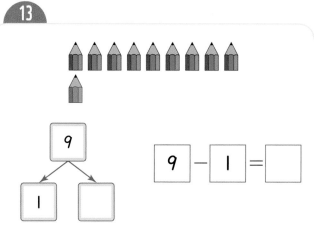

9

1   □

$9 - 1 = \square$

수해력을 높여요

01 ○를 그리고 덧셈을 해 보세요.

(1)
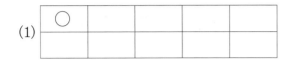

$1+2=$ ☐

(2)
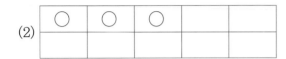

$3+3=$ ☐

02 ○를 /로 지우고 뺄셈을 해 보세요.

(1)
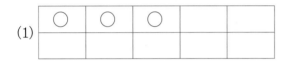

$3-1=$ ☐

(2)

$7-3=$ ☐

03 식을 읽거나 써 보세요.

(1) 쓰기 $6+1=7$

읽기 ☐ 더하기 ☐ 은 ☐ 입니다.

(2) 쓰기 ☐

읽기 4 더하기 5는 9와 같습니다.

(3) 쓰기 $5-4=1$

읽기 ☐ 와 ☐ 의 차는 ☐ 입니다.

(4) 쓰기 ☐

읽기 8 빼기 5는 3과 같습니다.

04 $+$, $-$ 중에서 알맞은 기호를 써 보세요.

(1) 5 ☐ $2=7$

(2) 4 ☐ $4=8$

(3) 6 ☐ $1=5$

(4) 9 ☐ $2=7$

05 알맞은 식과 답을 선으로 이어 보세요.

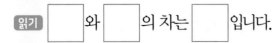

$1+6$ •   • 4

$4+2$ •   • 5

$8-4$ •   • 6

$9-4$ •   • 7

06 덧셈과 뺄셈을 해 보세요.

(1) $1+4=$ ☐

(2) $2+3=$ ☐

(3) $3+5=$ ☐

(4) $6+3=$ ☐

(5) $4-3=$ ☐

(6) $6-4=$ ☐

(7) $7-5=$ ☐

(8) $9-3=$ ☐

07 바르게 계산한 식을 골라 ○표 하세요.

(1)
| 4+3=6 | (|) |

| 4+3=7 | (|) |

(2)
| 9−6=3 | (|) |

| 9−6=4 | (|) |

08 두 수의 합과 차를 구해 보세요.

(1) 6   2

합 (   )
차 (   )

(2) 8   1

합 (   )
차 (   )

09 □ 안에 알맞은 수를 써넣으세요.

(1) 3+□=4

(2) □+2=9

(3) 5−□=2

(4) □−1=6

10 실생활 활용

버스에 타고 있는 사람의 수를 구해 보세요.

(1) 6명이 타고 있던 버스에 2명이 더 탔습니다. (내린 사람은 없습니다.)

| 버스에 타고 있는 사람 수 | | 명 |

(2) 5명이 타고 있던 버스에서 2명이 내렸습니다. (더 탄 사람은 없습니다.)

| 버스에 타고 있는 사람 수 | | 명 |

11 교과 융합

한글 카드의 수와 그림 카드의 수를 똑같게 만들려면 어떤 카드가 몇 장 더 필요한지 구해 보세요.

한글 카드
수박	가위
모자	토끼
고래	나무
연필	우산

그림 카드

□ 카드가 □ 장 더 필요합니다.

수해력을 완성해요

 대표 응용 1 두 수의 차 구하기

▨ 와 ▨ 에 알맞은 수의 차를 구해 보세요.

$$3 + 4 = \boxed{}$$
$$5 - 2 = \boxed{}$$

 해결하기

1단계 ▨ 에 알맞은 수를 구합니다.

$$3+4=\boxed{}$$

2단계 ▨ 에 알맞은 수를 구합니다.

$$5-2=\boxed{}$$

3단계 $\boxed{} - \boxed{} = \boxed{}$ 이므로

▨ 와 ▨ 에 알맞은 수의 차는 $\boxed{}$ 입니다.

1-1

▨ 와 ▨ 에 알맞은 수의 차를 구해 보세요.

$$3 + 6 = \boxed{}$$
$$4 - 1 = \boxed{}$$

▨ 와 ▨ 에 알맞은 수의 차는 $\boxed{}$ 입니다.

1-2

▨ 와 ▨ 에 알맞은 수의 차를 구해 보세요.

$$5 + 1 = \boxed{}$$
$$7 - 6 = \boxed{}$$

▨ 와 ▨ 에 알맞은 수의 차는 $\boxed{}$ 입니다.

1-3

▨ 와 ▨ 에 알맞은 수의 차를 구해 보세요.

$$4 + \boxed{} = 5$$
$$7 - \boxed{} = 3$$

▨ 와 ▨ 에 알맞은 수의 차는 $\boxed{}$ 입니다.

1-4

▨ 와 ▨ 에 알맞은 수의 차를 구해 보세요.

$$\boxed{} + 5 = 7$$
$$2 - \boxed{} = 1$$

▨ 와 ▨ 에 알맞은 수의 차는 $\boxed{}$ 입니다.

대표 응용 2
대화를 읽고 문제 해결하기

대화에 알맞은 식을 세우고 답을 구해 보세요.

색종이 8장이 필요해.

여기 색종이 5장이 있어.

그럼 몇 장이 부족한 거지?

식 _____

답 _____

해결하기

[1단계] 부족한 색종이의 수를 구하는 식을 세웁니다.

[2단계] 식을 계산하여 답을 구합니다.

2-1

대화에 알맞은 식을 세우고 답을 구해 보세요.

사탕이 7개 있었지?

방금 사탕 2개를 먹었어.

그럼 몇 개가 남은 거지?

식 _____

답 _____

2-2

대화에 알맞은 식을 세우고 답을 구해 보세요.

나는 책을 2권 가져왔어.

나는 책을 4권 가져왔어.

너희가 가져온 책은 모두 몇 권이지?

식 _____

답 _____

2-3

대화에 알맞은 식을 세우고 답을 구해 보세요.

가위가 7개 있어.

우린 9명이고 한 사람이 한 개씩 써야 해.

그럼 가위가 몇 개 더 필요하지?

식 _____

답 _____

개념 10을 포함한 여러 가지 덧셈과 뺄셈을 해 볼까요

알고 있어요!

연필이 1자루 있는 필통에 1자루를 더 넣었습니다.

$1+1=2$

연필 2자루 중에서 1자루를 친구에게 주었습니다.

$2-1=1$

알고 싶어요!

연필이 1자루 있는 필통에 아무것도 넣지 않았습니다.

$\boxed{1} + \boxed{0} = \boxed{1}$

연필이 2자루 있는 필통에서 아무것도 꺼내지 않았습니다.

$\boxed{2} - \boxed{0} = \boxed{2}$

아무것도 없는 것을 0이라고 해요.

$0+(어떤 수)=(어떤 수)$
$0+2=2$

$(어떤 수)+0=(어떤 수)$
$2+0=2$

$(어떤 수)-0=(어떤 수)$
$2-0=2$

$(어떤 수)-(어떤 수)=0$
$2-2=0$

빵이 없어서
2개를 사 왔습니다.

$\boxed{0} + \boxed{2} = \boxed{2}$

0을 더하거나 빼면 원래의 수에서 변화가 없어요.

빵이 2개 있어서
더 사 오지 않았습니다.

$\boxed{2} + \boxed{0} = \boxed{2}$

빵 2개가 있는데
한 개도 먹지 않았습니다.

$\boxed{2} - \boxed{0} = \boxed{2}$

빵 2개가 있었는데
2개를 다 먹었습니다.

$\boxed{2} - \boxed{2} = \boxed{0}$

어떤 수에서 어떤 수를 빼면 남는 것이 없어요.

[더하는 수가 |씩 커지면 어떻게 될까요?]

4	+	0	=	4		4	+	3	=	7
4	+			=	5		4	+	4	=	8
4	+	2	=	6

더해지는 수가 그대로일 때, 더하는 수가 0, |, 2, 3, 4, …로
|씩 커지면 합도 4, 5, 6, 7, 8, …로 |씩 커집니다.

[합이 똑같은 덧셈식 만들기]

4	+	0	=	4				+	3	=	4
3	+			=	4		0	+	4	=	4
2	+	2	=	4

두 수를 더해서 4가 되는 경우는 다섯 가지입니다. 더해지는 수가 |씩
작아지고 더하는 수가 |씩 커지면 합은 변하지 않습니다.

[빼는 수가 |씩 커지면 어떻게 될까요?]

4	−	0	=	4		4	−	3	=		
4	−			=	3		4	−	4	=	0
4	−	2	=	2

빼어지는 수가 그대로일 때, 빼는 수가 |씩 커지면 차는 |씩 작아집니다.

[차가 똑같은 뺄셈식 만들기]

3	−	2	=				6	−	5	=		
4	−	3	=				7	−	6	=		
5	−	4	=		

빼어지는 수와 빼는 수가 똑같이 |씩 커지면 차는 똑같습니다.

더해지는 수가 그대
로일 때, 더하는 수
가 |씩 커지면 합도
|씩 커져요.

어떤 수가 되는 두
수의 덧셈식을 여러
가지 만들 수 있어요.

차가 가장 큰 뺄셈식을
만들려면 가장 큰 수에
서 가장 작은 수를 빼
면 돼요.

- 1+(어떤 수)

$$1 + \boxed{1} = \boxed{2}$$

- 0+(어떤 수)

$$0 + \boxed{1} = \boxed{1}$$

01~04 덧셈과 뺄셈을 해 보세요.

01

(1) 1+(어떤 수)

$$1 + \boxed{2} = \boxed{}$$
$$1 + \boxed{3} = \boxed{}$$
$$1 + \boxed{4} = \boxed{}$$
$$1 + \boxed{5} = \boxed{}$$
$$1 + \boxed{6} = \boxed{}$$
$$1 + \boxed{7} = \boxed{}$$

(2) 0+(어떤 수)

$$0 + \boxed{2} = \boxed{}$$
$$0 + \boxed{3} = \boxed{}$$
$$0 + \boxed{4} = \boxed{}$$
$$0 + \boxed{5} = \boxed{}$$
$$0 + \boxed{6} = \boxed{}$$
$$0 + \boxed{7} = \boxed{}$$

02

(1) (어떤 수)+1

$$\boxed{3} + 1 = \boxed{}$$
$$\boxed{4} + 1 = \boxed{}$$
$$\boxed{5} + 1 = \boxed{}$$
$$\boxed{6} + 1 = \boxed{}$$
$$\boxed{7} + 1 = \boxed{}$$
$$\boxed{8} + 1 = \boxed{}$$

(2) (어떤 수)+0

$$\boxed{3} + 0 = \boxed{}$$
$$\boxed{4} + 0 = \boxed{}$$
$$\boxed{5} + 0 = \boxed{}$$
$$\boxed{6} + 0 = \boxed{}$$
$$\boxed{7} + 0 = \boxed{}$$
$$\boxed{8} + 0 = \boxed{}$$

03

(1) (어떤 수)−1

$$\boxed{2} - 1 = \boxed{}$$
$$\boxed{3} - 1 = \boxed{}$$
$$\boxed{4} - 1 = \boxed{}$$
$$\boxed{5} - 1 = \boxed{}$$
$$\boxed{6} - 1 = \boxed{}$$
$$\boxed{7} - 1 = \boxed{}$$
$$\boxed{8} - 1 = \boxed{}$$
$$\boxed{9} - 1 = \boxed{}$$

(2) (어떤 수)−0

$$\boxed{2} - 0 = \boxed{}$$
$$\boxed{3} - 0 = \boxed{}$$
$$\boxed{4} - 0 = \boxed{}$$
$$\boxed{5} - 0 = \boxed{}$$
$$\boxed{6} - 0 = \boxed{}$$
$$\boxed{7} - 0 = \boxed{}$$
$$\boxed{8} - 0 = \boxed{}$$
$$\boxed{9} - 0 = \boxed{}$$

04

(1) (어떤 수)−(1 작은 수)

$$\boxed{2} - \boxed{1} = \boxed{}$$
$$\boxed{3} - \boxed{2} = \boxed{}$$
$$\boxed{4} - \boxed{3} = \boxed{}$$
$$\boxed{5} - \boxed{4} = \boxed{}$$
$$\boxed{6} - \boxed{5} = \boxed{}$$
$$\boxed{7} - \boxed{6} = \boxed{}$$
$$\boxed{8} - \boxed{7} = \boxed{}$$
$$\boxed{9} - \boxed{8} = \boxed{}$$

(2) (어떤 수)−(어떤 수)

$$\boxed{2} - \boxed{2} = \boxed{}$$
$$\boxed{3} - \boxed{3} = \boxed{}$$
$$\boxed{4} - \boxed{4} = \boxed{}$$
$$\boxed{5} - \boxed{5} = \boxed{}$$
$$\boxed{6} - \boxed{6} = \boxed{}$$
$$\boxed{7} - \boxed{7} = \boxed{}$$
$$\boxed{8} - \boxed{8} = \boxed{}$$
$$\boxed{9} - \boxed{9} = \boxed{}$$

- 더하는 수가 1씩 커지는 덧셈

2	+	1	=	3	
2	+	2	=	4	
2	+	3	=	5	

3	+	1	=	4	
3	+	2	=	5	
3	+	3	=	6	

05~09 □ 안에 알맞은 수를 써넣으세요.

05

4	+	0	=	
4	+	1	=	
4	+	2	=	
4	+	3	=	

5	+	0	=	
5	+	1	=	
5	+	2	=	
5	+	3	=	

06

6	+		=	7
6	+		=	8
6	+		=	9

7	+		=	7
7	+		=	8
7	+		=	9

07

4	+		=	4
3	+		=	4
2	+		=	4
1	+		=	4
0	+		=	4

	+	1	=	5
	+	2	=	5
	+	3	=	5
	+	4	=	5
	+	5	=	5

08

8	−	1	=	
8	−	2	=	
8	−	3	=	
8	−	4	=	
8	−	5	=	
8	−	6	=	
8	−	7	=	
8	−	8	=	

9	−		=	8
9	−		=	7
9	−		=	6
9	−		=	5
9	−		=	4
9	−		=	3
9	−		=	2
9	−		=	1

09

9	−	6	=	
8	−	5	=	
7	−	4	=	
6	−	3	=	
5	−	2	=	
4	−	1	=	
3	−	0	=	

9	−		=	2
8	−		=	2
7	−		=	2
6	−		=	2
5	−		=	2
4	−		=	2
3	−		=	2

01~06 빈칸에 알맞은 수를 써넣으세요.

01

+	1	2	3	4
0				

02

+	0	1	2	3
2				

03

+	3	4	5	6
3				

04

−	0	1	2	3
6				

05

−	3	4	5	6
7				

06

−	5	6	7	8
9				

07~10 한 자리 수의 덧셈식과 뺄셈식을 만들어 보세요.

07 합이 4가 되는 덧셈식을 만들어 보세요.

☐ + ☐ = 4   ☐ + ☐ = 4

☐ + ☐ = 4   ☐ + ☐ = 4

08 합이 5가 되는 덧셈식을 만들어 보세요.

☐ + ☐ = 5   ☐ + ☐ = 5

☐ + ☐ = 5   ☐ + ☐ = 5

09 차가 2가 되는 뺄셈식을 만들어 보세요.

☐ − ☐ = 2   ☐ − ☐ = 2

☐ − ☐ = 2   ☐ − ☐ = 2

10 차가 4가 되는 뺄셈식을 만들어 보세요.

☐ − ☐ = 4   ☐ − ☐ = 4

☐ − ☐ = 4   ☐ − ☐ = 4

11 계산 결과가 5이면 초록색으로, 7이면 노란색으로 색칠해 보세요.

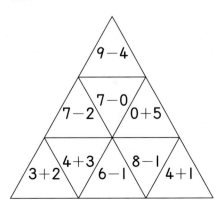

12 주어진 수로 뺄셈식을 두 개 만들어 보세요.

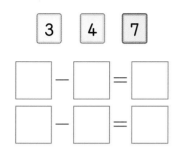

| 3 | 4 | 7 |

☐ − ☐ = ☐

☐ − ☐ = ☐

13 합이 같은 숫자끼리 선으로 이어 보세요.

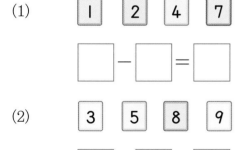

2, 5 ·   · 2, 4

3, 3 ·   · I, 6

14 차가 가장 큰 수가 되도록 두 개의 수를 골라 식을 만들고 답을 구해 보세요.

(1) | I | 2 | 4 | 7 |

☐ − ☐ = ☐

(2) | 3 | 5 | 8 | 9 |

☐ − ☐ = ☐

15 두 식의 계산 결과가 같아지도록 ☐ 안에 알맞은 수를 써넣으세요.

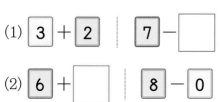

(1) 3 + 2 ┃ 7 − ☐

(2) 6 + ☐ ┃ 8 − 0

16 실생활 활용 ‖‖‖‖‖‖‖‖‖‖‖‖‖‖‖‖‖‖

이야기를 읽고 ☐ 안에 알맞은 수를 써넣으세요.

(1) 냉장고에 우유가 **4**개 있는데, 아직 하나도 마시지 않았습니다.

☐ − ☐ = ☐

(2) 공책이 **3**권 들어 있는 가방에 아무것도 더 넣지 않았습니다.

☐ + ☐ = ☐

(3) 선물로 받은 빵 **5**개를 모두 먹었습니다.

☐ − ☐ = ☐

17 교과 융합 ‖‖‖‖‖‖‖‖‖‖‖‖‖‖‖‖‖‖‖‖‖

세 친구가 국어 시간에 한글 문제 **9**개를 풀었습니다. 친구들이 틀린 문제가 아래와 같을 때 맞힌 문제의 수를 각각 구해 보세요.

이름	틀린 문제	맞힌 문제
유은	0개	☐개
민준	2개	☐개
서연	3개	☐개

수해력을 완성해요

모르는 수 구하기

그림이 어떤 수를 나타내는지 구해 보세요.

🍓 + 🍓 = 4

🍓 + 🍋 = 5

해결하기

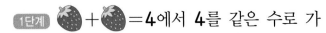

[1단계] 🍓+🍓=4에서 4를 같은 수로 가

르면 2와 ☐ 이므로 🍓= ☐ 입니다.

[2단계] 2+🍋=5에서 2와 모아서 5가 되

는 수는 ☐ 이므로 🍋= ☐ 입니다.

[3단계] 🍓= ☐   🍋= ☐

1-1

그림이 어떤 수를 나타내는지 구해 보세요.

🍓 + 🍓 = 2

🍓 + 🍋 = 5

🍓= ☐   🍋= ☐

1-2

그림이 어떤 수를 나타내는지 구해 보세요.

🍓 + 🍓 = 6

🍓 + 🍋 = 9

🍓= ☐   🍋= ☐

1-3

그림이 어떤 수를 나타내는지 구해 보세요.

🍋 + 🍋 = 4

🍓 − 🍋 = 3

🍓= ☐   🍋= ☐

1-4

그림이 어떤 수를 나타내는지 구해 보세요.

🍋 + 🍋 = 8

🍓 − 🍋 = 3

🍓= ☐   🍋= ☐

대표 응용 2 이야기를 읽고 문제 해결하기

이야기를 읽고 식을 세워서 해결해 보세요.

> 빵이 8개가 있었는데 점심에 4개를 먹었습니다.
> 저녁에 아빠가 빵 3개를 더 사 오셨습니다.

(1) 점심에 먹고 남은 빵은 몇 개인가요?

 (개)

(2) 저녁에 집에 있는 빵은 몇 개인가요?

 (개)

해결하기

1단계 원래 있었던 빵의 수에서 점심에 먹은 빵의 수를 빼어 남은 빵의 수를 구합니다.

2단계 점심에 먹고 남은 빵의 수에 아빠가 사 온 빵의 수를 더하여 저녁에 집에 있는 빵의 수를 구합니다.

2-1

이야기를 읽고 식을 세워서 해결해 보세요.

> 교실에 있는 책을 찾아보니 동화책 4권과 그림책 5권이 있었습니다. 그중에서 친구들이 6권을 집으로 가져갔습니다.

(1) 교실에 있던 책은 몇 권인가요?

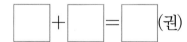 (권)

(2) 교실에 남은 책은 몇 권인가요?

 (권)

2-2

이야기를 읽고 식을 세워서 해결해 보세요.

> 버스에 7명이 타고 있었습니다.
> 첫 번째 정류장에서 내린 사람은 없고 2명이 더 탔습니다.
> 두 번째 정류장에서 4명이 내렸고 탄 사람은 없습니다.

(1) 첫 번째 정류장을 지나고 버스에 타고 있는 사람은 몇 명인가요?

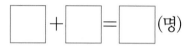 (명)

(2) 두 번째 정류장을 지나고 버스에 타고 있는 사람은 몇 명인가요?

 (명)

2-3

이야기를 읽고 식을 세워서 해결해 보세요.

> 8명이 한 팀이 되어 두 팀이 피구 시합을 했습니다.
> 1팀은 남학생이 3명이고, 2팀은 남학생이 5명입니다.
> 두 팀의 여학생 수의 차를 구해 보세요.

(1) 1팀의 여학생은 몇 명인가요?

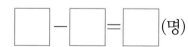 (명)

(2) 2팀의 여학생은 몇 명인가요?

 (명)

(3) 두 팀의 여학생 수의 차는 몇 명인가요?

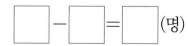 (명)

덧셈, 뺄셈을 해서 점을 연결해 보아요!

▶ 1부터 7까지의 점이 있습니다. 각각 어떤 점과 연결해야 할까요?

▶ 덧셈식과 뺄셈식이 있는 점의 값을 각각 계산합니다.

▶ 값이 같은 점끼리 선으로 연결합니다.

▶ 이미 다른 점과 연결되어 있는 점도 또 다른 점과 연결할 수 있습니다.

▶ 이미 연결되어 있는 선들은 위의 규칙과 상관이 없습니다.

활동 1 식을 계산하여 1부터 7까지의 점과 연결해 보세요.

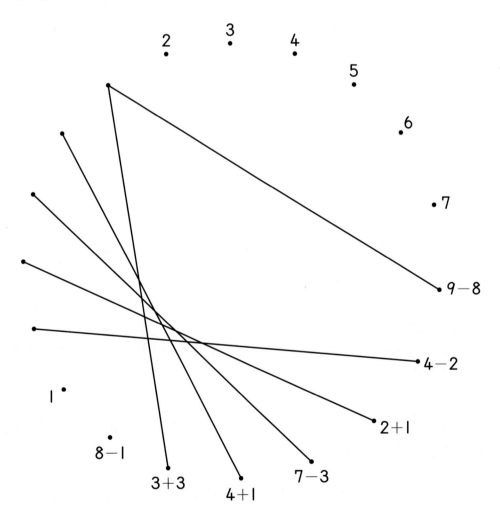

활동 2 식을 계산하여 l부터 7까지의 점과 위아래로 연결해 보세요.

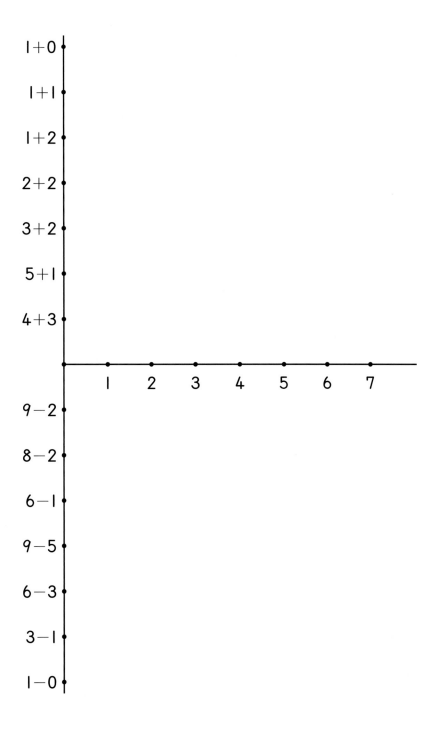

03 단원

100까지의 수

⚲ 등장하는 주요 **수학 어휘**

백 , **짝수** , **홀수** , **수 배열표**

시완아, 며칠 지나면 증조할머니의 100살 생신이셔. 같이 선물 사러 가자.

우와 100살이요? 우리 증조할머니 최고예요. 친구들에게 자랑하고 싶어요.

그런데 엄마, 100살이 얼마나 많은 나이인지 잘 모르겠어요.

시완이가 8살이고, 누나는 10살, 엄마는 47살이니 100살은 훨씬 많은 나이지.

증조할머니 생신 잔치가 끝나고 나면 엄마가 100까지의 수에 대해 자세히 가르쳐 줄게.

저는 아직 9까지의 수만 알고 있는데. 빨리 배우고 싶어요.

100살 생신을 축하드립니다.

이번 3단원에서는
100까지의 수를 알고 수의 순서와 크기 비교,
짝수와 홀수, 수 배열표에서 규칙 찾기를 배울 거예요.

1. 19까지의 수

개념 1 10과 십몇을 알아볼까요

모형의 수를 세어 보면 1, 2, 3, 4, 5, 6, 7, 8, 9예요.

모형이 더 있으면 어떻게 셀 수 있는지 궁금해요.
9 다음 수는 얼마일까요?

모형의 수는 **9**보다 **1**개가 더 많습니다.

10	
십	열

9보다 1만큼 더 큰 수는 10이에요.

9보다 1만큼 더 큰 수를 10이라고 합니다.

1부터 9까지의 수	➡	10

1	2	3	4	5	6	7	8	9	10

[십몇 알아보기]

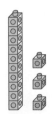

13	
십삼	열셋

10개씩 묶음 1개와 낱개 3개를 13이라고 합니다.

16	
십육	열여섯

10개씩 묶음 1개와 낱개 6개를 16이라고 합니다.

10개씩 묶고 10개가 되지 않고 남는 것은 낱개라고 합니다.

· 10개씩 묶음-1개
· 낱개-3개
· 지우개는 13개입니다.

[11부터 19까지의 수 읽기]

수	읽기		수	읽기		수	읽기	
11	십일	열하나	12	십이	열둘	13	십삼	열셋
14	십사	열넷	15	십오	열다섯	16	십육	열여섯
17	십칠	열일곱	18	십팔	열여덟	19	십구	열아홉

개념 2 19까지의 수를 모으기와 가르기 해 볼까요

알고 있어요!

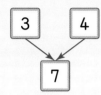

3과 4를 모으기
하면 7이 됩니다.

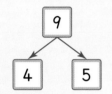

9는 4와 5로
가르기 할 수 있습니다.

알고 싶어요!

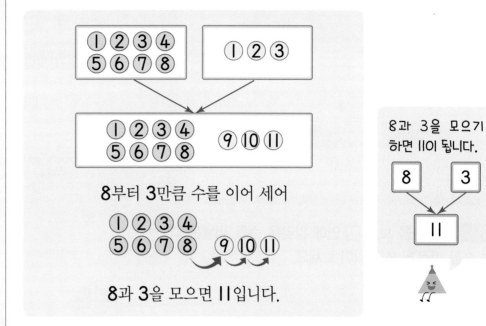

8부터 3만큼 수를 이어 세어

8과 3을 모으면 11입니다.

8과 3을 모으기
하면 11이 됩니다.

주황색 돌을 모두 세고, 파란색 돌을
이어서 세어 보면 전체 돌의 수를 구할 수 있습니다.

9까지의 수 모으기와 가르기 ➡ 19까지의 수 모으기와 가르기

💡 이어 세기와 거꾸로 세기를 통해 19까지의 수를 모으기와 가르기 할 수 있습니다.

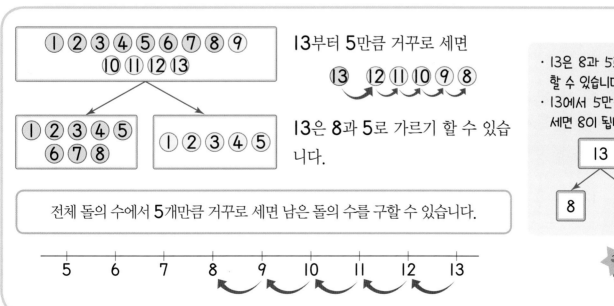

13부터 5만큼 거꾸로 세면

13은 8과 5로 가르기 할 수 있습니다.

전체 돌의 수에서 5개만큼 거꾸로 세면 남은 돌의 수를 구할 수 있습니다.

· 13은 8과 5로 가르기
할 수 있습니다.
· 13에서 5만큼 거꾸로
세면 8이 됩니다.

수해력을 확인해요

• 십몇 쓰고 읽기

10개씩 묶음	낱개
1개	4 개

↓

쓰기	읽기	
14	십사	열넷

01~05 그림을 보고 □ 안에 알맞은 수를 써넣은 다음 수를 바르게 쓰고 읽어 보세요.

01

10개씩 묶음	낱개
1개	개

↓

쓰기	읽기

02

10개씩 묶음	낱개
1개	개

↓

쓰기	읽기

03

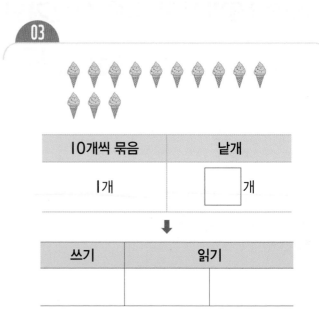

10개씩 묶음	낱개
1개	개

↓

쓰기	읽기

04

10개씩 묶음	낱개
1개	개

↓

쓰기	읽기

05

10개씩 묶음	낱개
1개	개

↓

쓰기	읽기

• 이어 세기로 모으기 하기

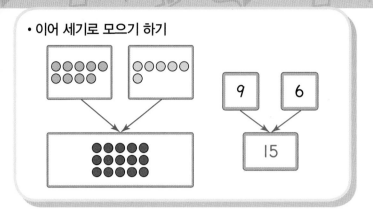

• 거꾸로 세기로 가르기 하기

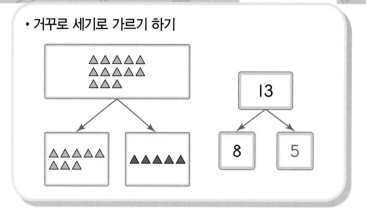

06~07 이어 세기로 모으기를 하여 ●를 그리고 빈칸에 알맞은 수를 써넣으세요.

08~09 거꾸로 세기로 가르기를 하여 ▲를 그리고 빈칸에 알맞은 수를 써넣으세요.

06

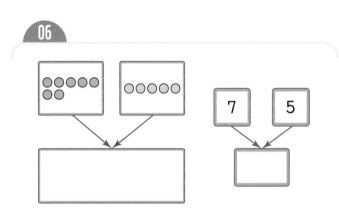

08

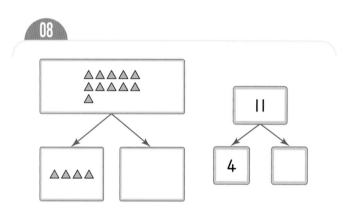

07

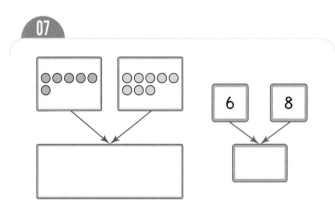

09

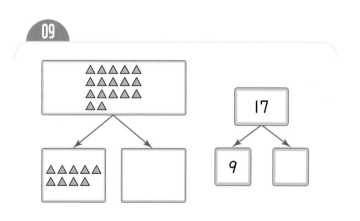

01 □ 안에 알맞은 수를 써넣으세요.

9보다 1만큼 더 큰 수를 □ (이)라고 합니다.

02 빈칸에 알맞은 수를 써넣으세요.

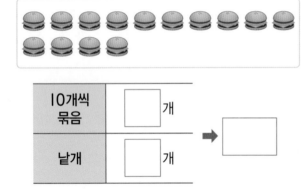

10개씩 묶음	□ 개
낱개	□ 개

→ □

03 수를 보고 10개씩 묶음과 낱개의 수를 써넣으세요.

		10개씩 묶음(개)	낱개(개)
(1)	18		
(2)	13		
(3)	15		

04 수직선을 보고 □ 안에 알맞은 수나 말을 써넣으세요.

```
  5    6    7    8    9    10
```

• 10은 9보다 □ 만큼 더 큰 수입니다.

• 10은 십 또는 □ (이)라고 읽습니다.

05 수를 보기 와 같이 두 가지 방법으로 읽어 보세요.

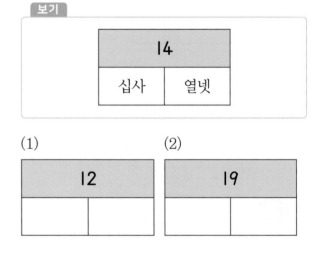

보기

14	
십사	열넷

(1)

12	

(2)

19	

06 다음 중 잘못 짝 지어진 것은 어느 것인가요?
( )

① 10 — 열
② 18 — 십육
③ 십사 — 열넷
④ 12 — 십이
⑤ 11 — 열하나

07 관계있는 것끼리 선으로 이어 보세요.

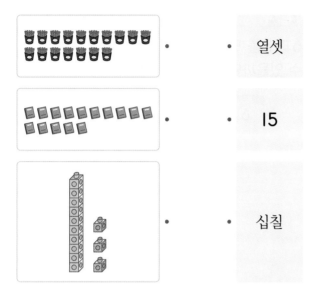

· · 열셋

· · 15

· · 십칠

10 실생활 활용

한 접시에 놓인 송편과 꿀떡을 종류별로 두 개의 접시에 나누어 담으려고 합니다. 원래 접시에 있던 떡이 모두 16개이고, 송편이 9개라면 꿀떡은 몇 개인가요?

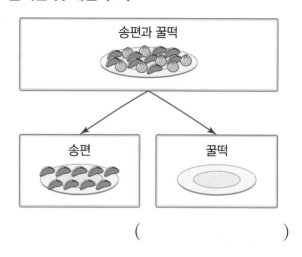

( )

08 이어 세기로 모으기를 하여 빈칸에 알맞은 수를 써넣으세요.

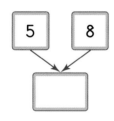

11 교과 융합

재윤이가 이번 주 국어 시간에 받은 칭찬 스티커는 6개, 수학 시간에 받은 칭찬스티커는 7개입니다. 이번 주에 받은 칭찬 스티커를 모아서 칭찬스티커 판에 붙이면 모두 몇 개인가요?

〈칭찬 스티커 판〉

( )

09 가르기를 하여 빈 곳에 ○를 알맞게 그려 보세요.

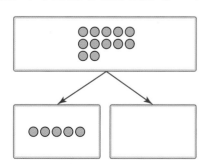

수해력을 완성해요

가르기와 모으기 하기

두 수를 가르기 한 뒤 ▢와 ▢를 모으기 한 수는 얼마인가요?

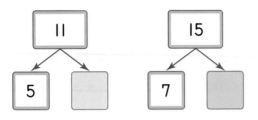

해결하기

1단계 11을 5와 ▢(으)로 가르기 합니다.

2단계 15를 7과 ▢(으)로 가르기 합니다.

3단계 ▢와 ▢의 수를 모으기 하면

▢이/가 됩니다,

1-1

두 수를 가르기 한 뒤 ▢와 ▢를 모으기 한 수는 얼마인가요?

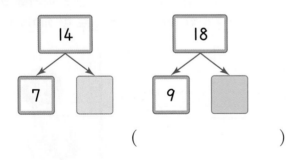

( )

1-2

6과 5를 모으기 한 수는 4와 어떤 수로 가르기 할 수 있을까요?

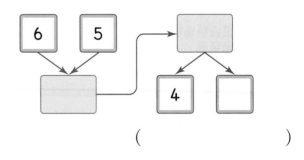

( )

1-3

7과 8을 모으기 한 수는 9와 어떤 수로 가르기 할 수 있을까요?

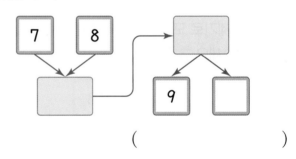

( )

1-4

4와 9를 모으기 한 수는 5와 어떤 수로 가르기 할 수 있을까요?

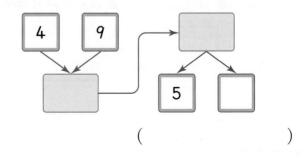

( )

대표 응용 2 두 수를 모으기 하기

두 수를 모으기 해서 15가 되는 수끼리 선으로 이어 보세요.

| 8 | 10 | 12 | 13 |

| 2 | 5 | 3 | 7 |

해결하기

1단계 8과 모으기 해서 15가 되는 어떤 수는 15를 8과 어떤 수로 가르기 한 수와 같습니다.

따라서 어떤 수는 ☐ 입니다.

2단계 같은 방법으로 10과 ☐, 12와 ☐, 13과 ☐ 을/를 모으기 하면 15가 됩니다.

2-1

두 수를 모으기 해서 13이 되는 수끼리 선으로 이어 보세요.

| 6 | 11 | 8 | 9 |

| 5 | 2 | 7 | 4 |

2-2

두 수를 모으기 해서 17이 되는 수끼리 선으로 이어 보세요.

| 9 | 13 | 11 | 10 |

| 4 | 7 | 8 | 6 |

2-3

두 수를 모으기 해서 14가 되는 수끼리 선으로 이어 보세요.

| 3 | 10 | 8 | 12 |

| 6 | 4 | 2 | 11 |

2-4

두 수를 모으기 해서 11이 되는 수끼리 선으로 이어 보세요.

| 5 | 8 | 7 | 2 |

| 4 | 9 | 3 | 6 |

2. 99까지의 수

개념 1 10개씩 묶어 세어 볼까요

알고 있어요!

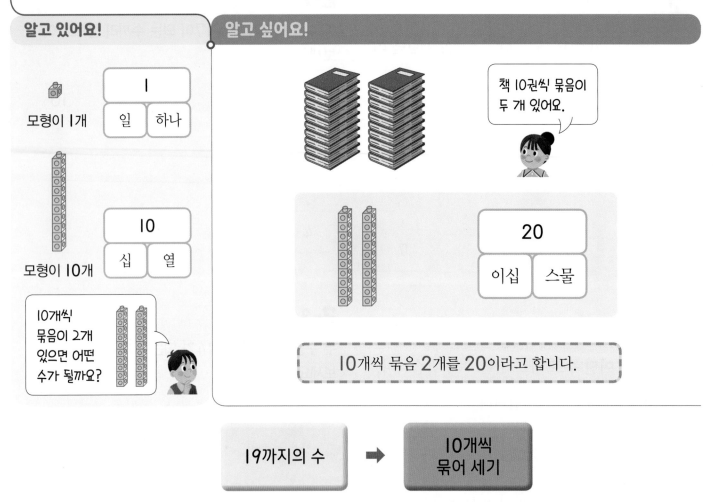

1	
일	하나

모형이 1개

10	
십	열

모형이 10개

10개씩 묶음이 2개 있으면 어떤 수가 될까요?

알고 싶어요!

책 10권씩 묶음이 두 개 있어요.

20	
이십	스물

10개씩 묶음 2개를 20이라고 합니다.

19까지의 수 ➡ 10개씩 묶어 세기

💡 낱개가 없을 때는 10개씩 묶음의 수에 따라 20, 30, 40, 50, 60, 70, 80, 90으로 씁니다.

[몇십 알아보기]

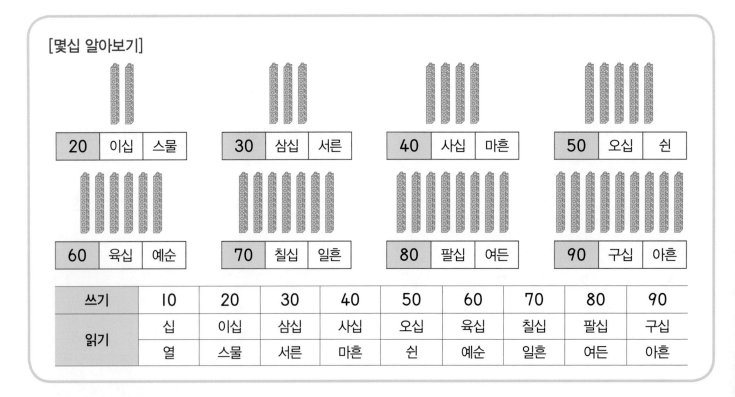

20	이십	스물

30	삼십	서른

40	사십	마흔

50	오십	쉰

60	육십	예순

70	칠십	일흔

80	팔십	여든

90	구십	아흔

쓰기	10	20	30	40	50	60	70	80	90
읽기	십	이십	삼십	사십	오십	육십	칠십	팔십	구십
	열	스물	서른	마흔	쉰	예순	일흔	여든	아흔

개념 2 99까지의 수를 알아볼까요

알고 있어요!

연필이 10자루씩 3묶음이 있으니 30자루예요.

연필의 수는 얼마일까요?

알고 싶어요!

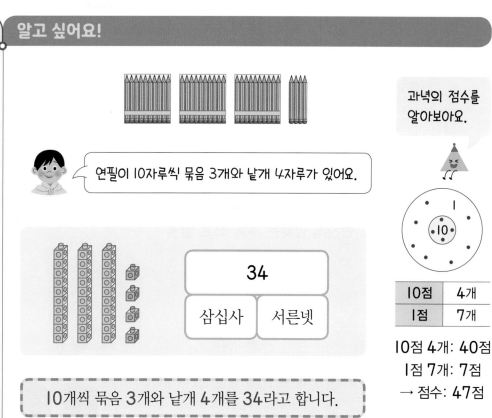

연필이 10자루씩 묶음 3개와 낱개 4자루가 있어요.

34	
삼십사	서른넷

10개씩 묶음 3개와 낱개 4개를 34라고 합니다.

과녁의 점수를 알아보아요.

10점	4개
1점	7개

10점 4개: 40점
1점 7개: 7점
→ 점수: 47점

낱개

| 3 | 1 |

10개씩 묶음

💡 10개씩 묶음의 수와 낱개의 수는 몇십몇으로 나타냅니다.

[몇십몇 알아보기]

10개씩 묶음	5개	➡	수
낱개	3개		53

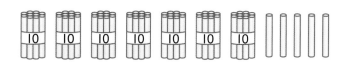

10개씩 묶음	7개	➡	수
낱개	5개		75

10개씩 묶음의 수를 먼저 쓰고 낱개의 수를 나중에 써요.

• 그림을 보고 수 쓰고 읽기

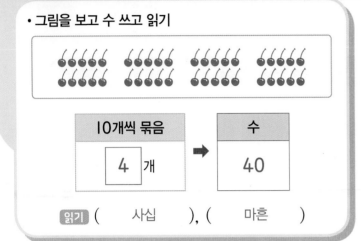

10개씩 묶음	수
4 개	40

읽기 (사십), (마흔)

01~05 그림을 보고 빈칸에 알맞은 수를 쓰고 말을 써넣으세요.

01

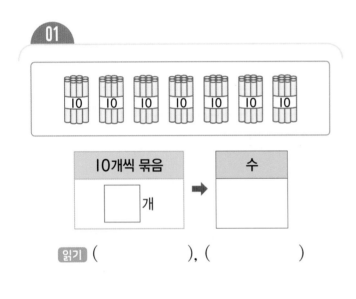

10개씩 묶음	수
개	

읽기 ( ), ( )

02

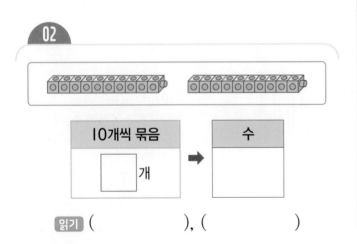

10개씩 묶음	수
개	

읽기 ( ), ( )

03

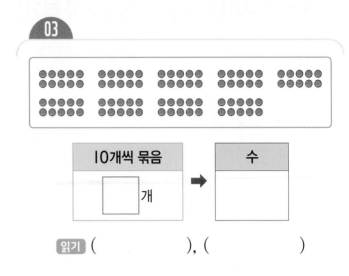

10개씩 묶음	수
개	

읽기 ( ), ( )

04

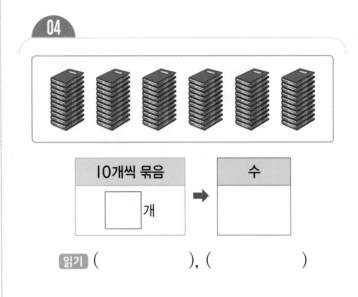

10개씩 묶음	수
개	

읽기 ( ), ( )

05

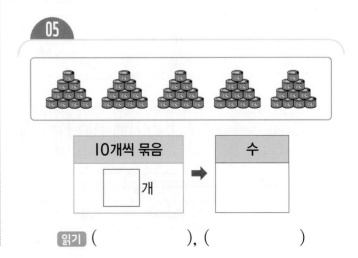

10개씩 묶음	수
개	

읽기 ( ), ( )

• 모형을 보고 수 쓰고 읽기

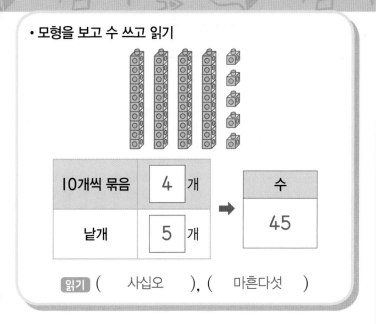

10개씩 묶음	4	개
낱개	5	개

수

45

읽기 (사십오), (마흔다섯)

06~10 모형을 보고 빈칸에 알맞은 수를 쓰고 말을 써넣으세요.

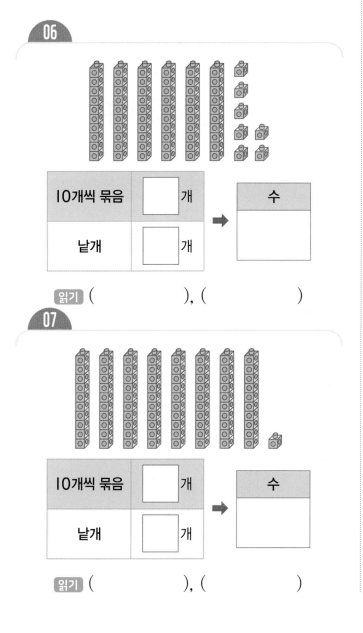

06

10개씩 묶음		개
낱개		개

수

읽기 ( ), ( )

07

10개씩 묶음		개
낱개		개

수

읽기 ( ), ( )

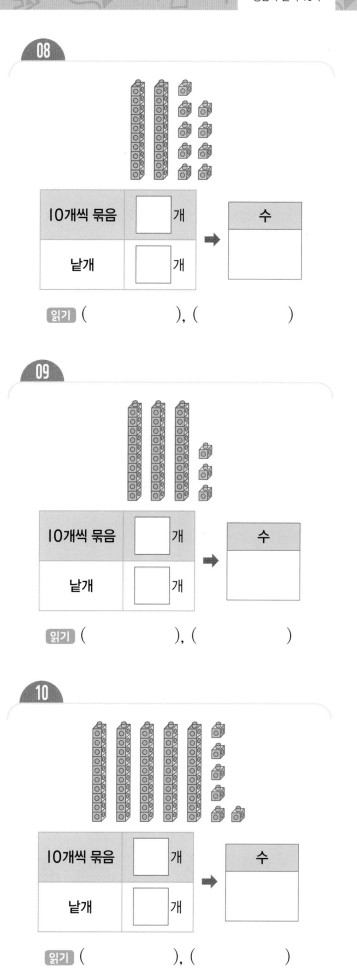

08

10개씩 묶음		개
낱개		개

수

읽기 ( ), ( )

09

10개씩 묶음		개
낱개		개

수

읽기 ( ), ( )

10

10개씩 묶음		개
낱개		개

수

읽기 ( ), ( )

수해력을 높여요

01 10개씩 묶고 □ 안에 알맞은 수를 써넣으세요

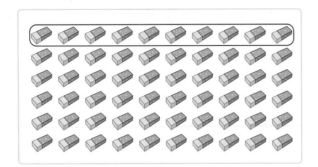

10개씩 묶음이 ▢ 개이므로 ▢ 입니다.

02 빈칸에 알맞은 수를 써넣으세요.

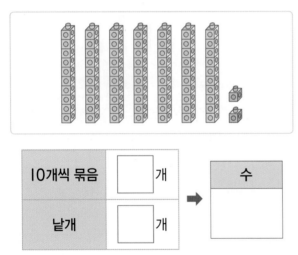

10개씩 묶음	▢ 개
낱개	▢ 개

➡ 수: ▢

03 수를 세어 쓰고 읽어 보세요.

쓰기 (   )

읽기 (   ), (   )

04 다음 그림의 구슬로 보기 와 같은 팔찌를 모두 몇 개 만들 수 있을까요?

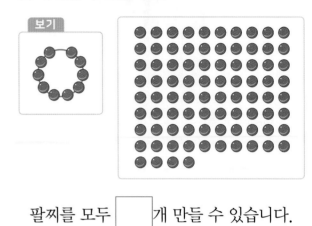

보기

팔찌를 모두 ▢ 개 만들 수 있습니다.

05 다른 수를 나타내는 것을 찾아 기호를 써 보세요.

> ㉠ 53
> ㉡ 10개씩 묶음 5개, 낱개 3개
> ㉢ 서른다섯
> ㉣ 오십삼

(   )

06 수를 읽은 것을 보기 에서 찾아 써 보세요.

보기

마흔	서른	예순

(1) 40 (   )

(2) 60 (   )

(3) 30 (   )

07 수를 바르게 읽은 것은 어느 것인가요?
( )

① 57 — 오십육 ② 77 — 일흔여덟
③ 35 — 서른다섯 ④ 23 — 이십사
⑤ 61 — 예순둘

08 관계있는 것끼리 선으로 이어 보세요.

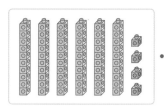
· · 54

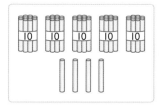
· · 삼십구

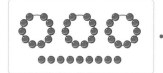
· · 예순넷

09 빈칸에 알맞은 수를 써넣으세요.

10개씩 묶음	낱개	수
2	5	
9		93
	1	31

10 실생활 활용 ||||||||||||||||||||||||||

다연이는 아빠의 47번째 생신을 축하하기 위해 케이크를 사러 제과점에 갔습니다. 빈칸에 알맞은 수를 써넣으세요.

초는 몇 개 드릴까요? 큰 초 1개는 10살, 작은 초 1개는 1살을 뜻해요.

아빠의 47번째 생신이니까 큰 초는
[ ]개, 작은 초는 [ ]개 주세요.

11 교과 융합 |||||||||||||||||||||||||||||||

체육관에 있는 공의 수를 세어 보았습니다. 테니스공은 10개씩 묶음 3개와 낱개 1개이고, 야구공은 스물여덟 개입니다. 테니스공과 야구공의 수를 써 보세요.

테니스공 [ ] 야구공 [ ]

대표 응용
1 적어도 몇 개 필요한지 구하기

한 상자에 물병을 10개씩 넣으려고 합니다. 물병 67개를 상자에 모두 넣으려면 필요한 상자는 적어도 몇 개인가요?

해결하기

1단계 67은 10개씩 묶음 6개와 낱개가 ☐ 개인 수입니다.

2단계 물병 10개씩 묶음 6개를 넣으려면 상자가 ☐ 개 필요합니다. 물병 7개를 넣기 위해서도 상자가 ☐ 개 필요합니다.

3단계 따라서 필요한 상자는 적어도 ☐ 개입니다.

1-1

꽃 10송이로 꽃다발 한 개를 만들 수 있습니다. 꽃이 89송이 있다면 만들 수 있는 꽃다발은 몇 개인가요?

(   )

1-2

정리함 한 개에 축구공을 10개씩 넣으려고 합니다. 축구공 34개를 모두 정리함에 넣으려면 필요한 정리함은 적어도 몇 개인가요?

(   )

1-3

칭찬 스티커 10개를 모으면 선물 한 개를 받을 수 있습니다. 지수가 모은 칭찬 스티커가 58개라면 지수가 받을 수 있는 선물은 몇 개인가요?

(   )

1-4

영진이네 반 친구들은 책 정리를 하고 있습니다. 한 명이 책을 10권씩 들 수 있다면 42권의 책을 모두 들고 가기 위해서 필요한 친구는 적어도 몇 명인가요?

(   )

대표 응용 2 바르게 말한 친구 찾기

다음 중 바르게 말한 친구는 누구인가요?

스물일곱은 이십구와 같은 수야.

성이

34는 서른넷으로 읽을 수 있어.

재란

해결하기

1단계 친구들의 말을 한 명씩 확인합니다.

성이: 스물일곱을 수로 쓰면 [   ]입니다.

이십구를 수로 쓰면 [   ]입니다.

재란: 34는 [   ] 또는 [   ](으)로 로 읽을 수 있습니다.

2단계 바르게 말한 친구는 [   ]입니다.

2-1

다음 중 바르게 말한 친구는 누구인가요?

93은 아흔삼이라고 읽어.

혜선

42는 마흔둘과 같은 수야.

주영

(   )

2-2

다음 중 바르게 말한 친구는 누구인가요?

58은 10개씩 묶음 5개 와 낱개가 8개인 수야.

시안

팔십구는 여든여섯과 같은 수야.

재경

(   )

2-3

다음 중 <u>틀리게</u> 말한 친구는 누구인가요?

팔십팔과 여든여덟은 같은 수야.

준경

32는 서른으로 읽을 수 있어.

수민

(   )

2-4

다음 중 <u>틀리게</u> 말한 친구는 누구인가요?

59는 쉰아홉으로 읽을 수 있어.

수아

41은 사십하나 로 읽어.

민희

(   )

3. 수의 순서와 크기 비교

개념 1 수의 순서를 알아볼까요

I 작은 수		I 큰 수
3	4	5
●●●	●●●●	●●●●●

4보다 I만큼 더 작은 수는 3입니다.

4보다 I만큼 더 큰 수는 5입니다.

99보다 I만큼 더 큰 수는 얼마일까요?

I만큼 더 작은 수		I만큼 더 큰 수
48	49	50

49보다 I만큼 더 작은 수는 48입니다.
49보다 I만큼 더 큰 수는 50입니다.

60보다 I만큼 더 작은 수는 59이고, I만큼 더 큰 수는 61입니다.

100	백

💡 99보다 I만큼 더 큰 수를 100이라 하고 백이라고 읽습니다.

[100까지의 수의 순서]

I	2	3	4	5	6	7	8	9	10
II	12	13	14	15	16	17	18	19	20
21	22	23	24	25	26	27	28	29	30
31	32	33	34	35	36	37	38	39	40
41	42	43	44	45	46	47	48	49	50
51	52	53	54	55	56	57	58	59	60
61	62	63	64	65	66	67	68	69	70
71	72	73	74	75	76	77	78	79	80
81	82	83	84	85	86	87	88	89	90
91	92	93	94	95	96	97	98	99	100

75와 77 사이의 수는 76입니다.

43보다 I만큼 더 작은 수는 42이고, I만큼 더 큰 수는 44입니다.

99 다음 수는 100입니다.

I만큼 더 작은 수: 바로 앞의 수, I만큼 더 큰 수: 바로 뒤의 수

개념 2 짝수와 홀수를 알아볼까요

알고 있어요!

네 명의 친구가 있어요.
둘씩 짝 지을 수 있어요.

한 명의 친구가 더 왔어요.
둘씩 짝 지으면 한 명이 남아요.

알고 싶어요!

6명은 둘씩 묶었을 때 모두 짝을 지을 수 있습니다.
6은 짝수입니다.

7명은 둘씩 묶었을 때 모두 짝을 지을 수 없습니다.
7은 홀수입니다.

2, 4, 6, 8, 10과 같이 둘씩 짝을 지을 수 있는 수를 **짝수**라고 합니다.

1, 3, 5, 7, 9와 같이 둘씩 짝을 지을 수 없는 수를 **홀수**라고 합니다.

1	2	3	4	5	6	7	8	9	10
홀수	짝수	홀수	짝수	홀수	짝수	홀수	짝수	홀수	짝수

💡 수를 순서대로 나열하면 홀수와 짝수가 번갈아 가며 나옵니다.

[짝수와 홀수 알아보기]

홀수

 1   3   5   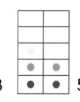 7   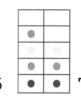 9

짝수

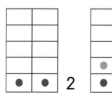 2   4   6   8   10

짝수인지 홀수인지 알아보려면 낱개의 수를 보면 됩니다.

82
낱개의 수: 2

↓

짝수

79
낱개의 수: 9

↓

홀수

아무리 큰 수라도 낱개의 수가 짝수이면 짝수, 낱개의 수가 홀수이면 홀수입니다.

개념 3 수의 크기를 비교해 볼까요

알고 있어요!

●	●	●	●	●
●	●			

7

●	●	●	●	●

5

7은 5보다 큽니다.
5는 7보다 작습니다.

수를 순서대로 썼을 때 뒤에 오는 수가 더 큰 수입니다.

알고 싶어요!

63

71

63은 71보다 작습니다.

63 < 71

71은 63보다 큽니다.

71 > 63

수의 크기를 비교할 때 큽니다, 작습니다를 기호 >, <로 나타낼 수 있어요.

② 낱개의 수 비교

① 10개씩 묶음의 수 비교

💡 몇십몇의 크기를 비교할 때는 10개씩 묶음의 수를 먼저 비교하고 낱개의 수를 비교하면 됩니다.

[두 수의 크기 비교]

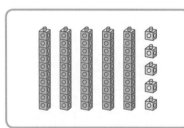

65

55

65 > 55

10개씩 묶음의 수가 큰 쪽이 큰 수입니다

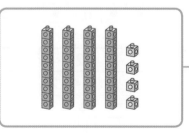

47

44

47 > 44

10개씩 묶음의 수가 같으므로 낱개의 수가 큰 쪽이 큰 수입니다

수해력을 확인해요

• 모형을 보고 수의 크기 비교하기

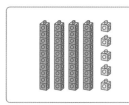
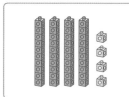

45는 | 44 | 보다 ((큽니다) , 작습니다)

01~05 모형을 보고 □ 안에 알맞은 수를 써넣고 알맞은 말에 ○표 하세요.

01

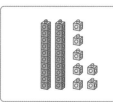

27은 | | 보다 (큽니다 , 작습니다).

02

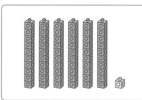

63은 | | 보다 (큽니다 , 작습니다).

03

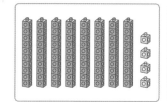
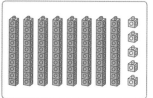

84는 | | 보다 (큽니다 , 작습니다).

04

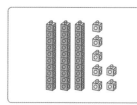
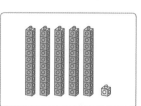

37은 | | 보다 (큽니다 , 작습니다).

05

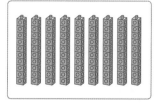
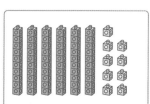

90은 | | 보다 (큽니다 , 작습니다).

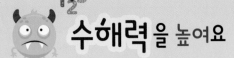

01 빈칸에 알맞은 수를 쓰고 읽어 보세요.

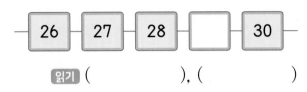

읽기 (   ), (   )

02 알맞은 말에 ○표 하고 ○ 안에 >, <를 알맞게 써넣으세요.

37은 29보다 (큽니다 , 작습니다)

37 ◯ 29

03 □ 안에 알맞은 수나 말을 써넣으세요.

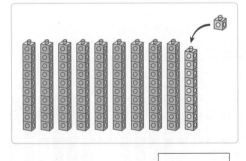

99보다 |만큼 더 큰 수는 [   ]이고,

[   ](이)라고 읽습니다.

04 다음 중 나타내는 수가 다른 것의 기호를 써 보세요.

> ㉠ 90보다 |만큼 더 작은 수
> ㉡ 89
> ㉢ 88보다 |만큼 더 큰 수
> ㉣ 팔십팔
> ㉤ 여든아홉

(   )

05 왼쪽 수보다 작은 수에 ○표 하세요.

| 51 | 61 | 48 | 55 | 94 |

06 □ 안에 알맞은 수를 써넣고 알맞은 말에 ○표 하세요.

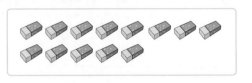

지우개의 수는 [   ]이고,

(짝수 , 홀수)입니다.

07 다음 수 중 짝수는 모두 몇 개인가요?

| 2 | 9 | 11 | 16 | 34 |

( )

08 다음 두 수 사이에 있는 수는 모두 몇 개인가요?

- 54보다 1만큼 더 큰 수
- 60보다 1만큼 더 작은 수

( )

09 1부터 9까지의 수 중 □ 안에 들어갈 수 있는 수를 모두 써 보세요.

77<□1

( )

10 □ 안에 알맞은 수를 써넣고 알맞은 말에 ○표 하세요.

5   7   8

위의 수 카드 중 2장을 골라 몇십몇을 만들었을 때 가장 큰 수는 [ ]이고

(짝수 , 홀수)입니다.

11 실생활 활용 ||||||||||||||||||||||||

상민이 가족의 대화입니다. 나이가 많은 사람부터 순서대로 써 보세요.

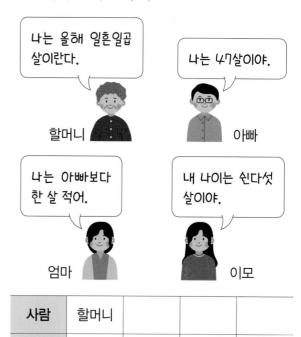

나는 올해 일흔일곱 살이란다. 할머니

나는 47살이야. 아빠

나는 아빠보다 한 살 적어. 엄마

내 나이는 쉰다섯 살이야. 이모

사람	할머니			
나이(살)	77			

12 교과 융합 ||||||||||||||||||||||||

다음은 우리나라 높은 건물의 층수입니다. 가장 층이 높은 건물에 ○표 하세요.

60층   65층   56층

(   )   (   )   (   )

대표 응용
1 세 수의 크기 비교하기

성준이와 친구들이 칭찬 스티커의 수를 비교해 보았습니다. 성준이는 70개, 지윤이는 73개를 받았고, 로건이는 성준이보다 1개 적게 받았습니다. 칭찬 스티커를 많이 받은 친구부터 순서대로 써 보세요.

해결하기

1단계 로건이의 칭찬 스티커 수는 70보다 1만큼 더 작으므로 [ ] 입니다. 세 친구들의 칭찬스티커의 수는 각각 70, 73, [ ] 입니다.

2단계 먼저 10개씩 묶음의 수를 비교하고, 낱개의 수를 비교해서 순서대로 쓰면 [ ] > [ ] > [ ] 입니다.

3단계 따라서 칭찬 스티커를 많이 받은 친구부터 순서대로 쓰면 [ ], [ ], [ ] 입니다.

1-1

체험농장에서 친구들이 딴 방울토마토의 수를 비교해 보았습니다. 지우는 49개, 지안이는 51개를 땄고, 인호는 지안이보다 1개 더 적게 땄습니다. 방울토마토의 수가 적은 친구부터 순서대로 써 보세요.

[ ] , [ ] , [ ]

1-2

체험 학습을 간 친구들이 은행잎을 모아 수를 비교해 보았습니다. 시후는 22장, 은영이는 25장을 모았고, 준경이는 시후보다 1장 더 많이 모았습니다. 은행잎을 많이 모은 친구부터 순서대로 써 보세요.

[ ] , [ ] , [ ]

1-3

운동회에서 콩주머니 넣기 게임을 했습니다. 콩주머니를 주영이는 34개, 영석이는 29개 넣었고, 혜선이는 영석이보다 1개 더 많이 넣었습니다. 콩주머니를 적게 넣은 친구부터 순서대로 써 보세요.

[ ] , [ ] , [ ]

1-4

태준이와 친구들이 한 달 동안 읽은 책 수를 비교해 보았습니다. 태준이는 45권, 지은이는 50권을 읽었고, 윤후는 태준이보다 1권 더 적게 읽었습니다. 책을 많이 읽은 친구부터 순서대로 써 보세요.

[ ] , [ ] , [ ]

대표 응용 2

수 카드로 가장 큰 수 만들기

4장의 수 카드 중 2장을 골라 몇십몇을 만들었을 때 가장 큰 수는 짝수와 홀수 중 무엇인가요?

| 4 | 7 | 5 | 2 |

해결하기

`1단계` 수 카드 2장을 골라 몇십몇을 만들었을 때 가장 큰 수가 되기 위해서는 10개씩 묶음의 수에 가장 (큰 , 작은) 수를 쓰고, 낱개의 수에 두 번째로 (큰 , 작은) 수를 쓰면 됩니다.

`2단계` 몇십몇을 만들었을 때 가장 큰 수는

☐ 입니다.

`3단계` 몇십몇을 만들었을 때 가장 큰 수는 (짝수 , 홀수)입니다.

2-1

4장의 수 카드 중 2장을 골라 몇십몇을 만들었을 때 가장 큰 수는 짝수와 홀수 중 무엇인가요?

| 2 | 9 | 7 | 6 |

(   )

2-2

4장의 수 카드 중 2장을 골라 몇십몇을 만들었을 때 가장 큰 수는 짝수와 홀수 중 무엇인가요?

| 2 | 1 | 4 | 7 |

(   )

2-3

4장의 수 카드 중 2장을 골라 몇십몇을 만들었을 때 가장 작은 수는 짝수와 홀수 중 무엇인가요?

| 6 | 1 | 2 | 9 |

(   )

2-4

4장의 수 카드 중 2장을 골라 몇십몇을 만들었을 때 가장 작은 수는 짝수와 홀수 중 무엇인가요?

| 5 | 8 | 4 | 9 |

(   )

4. 수 배열표에서 규칙 찾기

개념 1 수 배열에서 규칙을 찾아볼까요

알고 있어요!

1	2	3	4	5
6	7	8	9	10

1부터 시작하여 1씩 커집니다.

10	9	8	7	6
5	4	3	2	1

10부터 시작하여 1씩 작아집니다.

알고 싶어요!

• 수가 반복되는 규칙

2	4	2	4	2	4

→ 2와 4의 수가 반복됩니다.

• 수가 커지는 규칙

10	20	30	40	50	60

→ 10부터 시작하여 10씩 커집니다

• 수가 작아지는 규칙

19	17	15	13	11	9

→ 19부터 시작하여 2씩 작아집니다.

> 수 배열에서 수가 반복되는 규칙, 수가 커지는 규칙, 수가 작아지는 규칙 등이 있어요.

수 배열에서 규칙 찾기 ➡ 규칙에 따라 수 구하기

💡 수 배열에서 규칙을 찾으면 다음에 올 수나 빈칸에 알맞은 수를 구할 수 있습니다.

2	4	6	8	
12	14	16	18	20
22	24	26	28	30
	34	36	38	40

⬜ 와 ⬜ 에는 어떤 수가 들어가게 될까요?

오른쪽으로 2씩 커지는 규칙이 있어요. 그래서 ⬜ 에는 8보다 2만큼 더 큰 10이 들어갈 거예요.

그렇다면 ⬜ 에는 어떤 수가 들어가게 될까요?

아래쪽으로 10씩 커지는 규칙이 있어요. 그래서 ⬜ 에는 32가 들어가게 돼요.

1 3 2	—	2 5 3	—	3 7 4	—	4 9 5

양쪽 두 수의 규칙과 가운데 수의 규칙을 각각 알아봅니다.

양쪽 칸의 오른쪽 수는 왼쪽 수보다 1만큼 더 큰 수이고, 가운데 칸의 수는 양쪽 칸의 두 수를 더한 수입니다.

휴대 전화에 있는 수 배열에서 규칙 찾기

```
( 1 ) ( 2 ) ( 3 )
( 4 ) ( 5 ) ( 6 )
( 7 ) ( 8 ) ( 9 )
( * ) ( 0 ) ( # )
```

• 1부터 ↓ 방향으로 3씩 커집니다.
• 1부터 ↘ 방향으로 4씩 커집니다.
• 3부터 ↙ 방향으로 2씩 커집니다.

개념 **2** 수 배열표에서 규칙을 찾아볼까요

91	92	93	94	95
96	97	98	99	100

91부터 100까지 수를 순서대로 써 봤어요.

1부터 100까지 수를 순서대로 나타내고 어떤 규칙이 있는지 알고 싶어요.

1부터 100까지의 수 배열표

1	2	3	4	5	6	7	8	9	10
11	12	13	14	15	16	17	18	19	20
21	22	23	24	25	26	27	28	29	30
31	32	33	34	35	36	37	38	39	40
41	42	43	44	45	46	47	48	49	50
51	52	53	54	55	56	57	58	59	60
61	62	63	64	65	66	67	68	69	70
71	72	73	74	75	76	77	78	79	80
81	82	83	84	85	86	87	88	89	90
91	92	93	94	95	96	97	98	99	100

↘ 방향으로 11씩 커지는 규칙이 있어요.
↙ 방향으로 9씩 커지는 규칙이 있어요.

규칙: 파란색으로 칠한 수는 6부터 시작하여 96까지 10씩 커집니다.

규칙: 빨간색으로 칠한 수는 41부터 시작하여 50까지 1씩 커집니다.

💡 수 배열표에서 방향에 따라 일정하게 커지거나 작아지는 규칙을 찾을 수 있습니다.

[수 배열표에서의 규칙]

40	41	42	43	44	45	46	47	48	49
50	51	52	53	54	55	56	57	58	59
60	61	62	63	64	65	66	67	68	69

색칠한 수는 40부터 시작하여 2씩 뛰어 세는 규칙입니다.

21	22	23	24	25	26	27	28	29	30
31	32	33	34	35	36	37	38	39	40
41	42	43	44	45	46	47	48	49	50

색칠한 수는 22부터 시작하여 3씩 뛰어 세는 규칙입니다.

11	12	13	14	15	16	17	18	19	20
21	22	23	24	25	26	27	28	29	30
31	32	33	34	35	36	37	38	39	40

색칠한 수는 11부터 시작하여 4씩 뛰어 세는 규칙입니다.

수해력을 확인해요

• 규칙에 따라 빈칸에 알맞은 수 쓰기

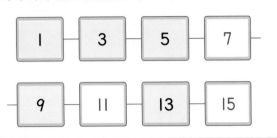

| 1 | 3 | 5 | 7 |

| 9 | 11 | 13 | 15 |

01~07 규칙에 따라 빈칸에 알맞은 수를 써넣으세요.

01

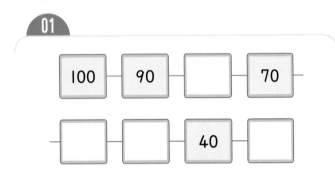

| 100 | 90 | | 70 |

| | | 40 | |

02

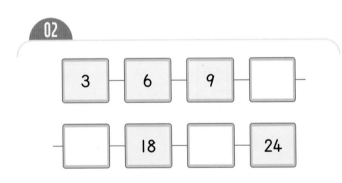

| 3 | 6 | 9 | |

| | 18 | | 24 |

03

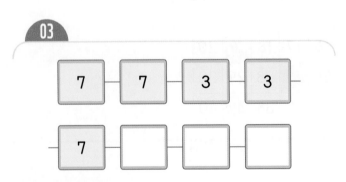

| 7 | 7 | 3 | 3 |

| 7 | | | |

04

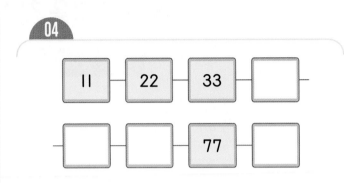

| 11 | 22 | 33 | |

| | | 77 | |

05

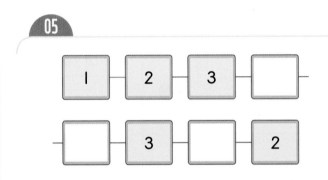

| 1 | 2 | 3 | |

| | 3 | | 2 |

06

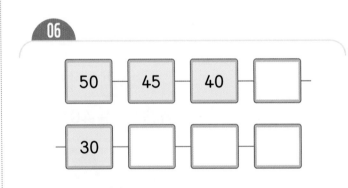

| 50 | 45 | 40 | |

| 30 | | | |

07

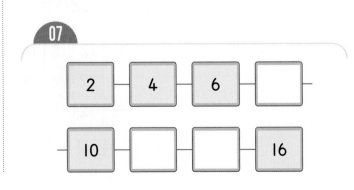

| 2 | 4 | 6 | |

| 10 | | | 16 |

• |부터 3씩 뛰어 세기 한 곳 색칠하기

l	2	3	4	5	6	7	8	9	10
ll	12	13	14	15	16	17	18	19	20
21	22	23	24	25	26	27	28	29	30
31	32	33	34	35	36	37	38	39	40

`08~09` 수 배열표를 보고 물음에 답해 보세요.

`08`

2부터 4씩 뛰어 세기 한 곳을 색칠해 보세요.

l	2	3	4	5	6	7	8	9	10
ll	12	13	14	15	16	17	18	19	20
21	22	23	24	25	26	27	28	29	30
31	32	33	34	35	36	37	38	39	40

`09`

3부터 5씩 뛰어 세기 한 곳을 색칠해 보세요.

l	2	3	4	5	6	7	8	9	10
ll	12	13	14	15	16	17	18	19	20
21	22	23	24	25	26	27	28	29	30
31	32	33	34	35	36	37	38	39	40

• 색칠한 수의 규칙 찾기

l	2	3	4	5	6	7	8	9	10
ll	12	13	14	15	16	17	18	19	20
21	22	23	24	25	26	27	28	29	30
31	32	33	34	35	36	37	38	39	40

2부터 시작하여 | 2 | 씩 커집니다.

`10~11` 수 배열표의 색칠한 수에는 어떤 규칙이 있는지 써 보세요.

`10`

31	32	33	34	35	36	37	38	39	40
41	42	43	44	45	46	47	48	49	50
51	52	53	54	55	56	57	58	59	60
61	62	63	64	65	66	67	68	69	70

33부터 시작하여 [ ] 씩 커집니다.

`11`

l	2	3	4	5	6	7	8	9	10
ll	12	13	14	15	16	17	18	19	20
21	22	23	24	25	26	27	28	29	30
31	32	33	34	35	36	37	38	39	40

10부터 시작하여 [ ] 씩 커집니다.

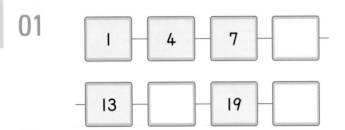

수해력을 높여요

01 ~ 02 규칙에 따라 빈칸에 알맞은 수를 써 넣으세요.

01

| 1 | 4 | 7 | |

| 13 | | 19 | |

02

| 1 | 1 | 2 | |

| 3 | | 4 | |

03 수 배열표를 보고 빈칸에 알맞은 수를 써넣으세요.

21	22	23	24	25	26	27	28	29	30
31	32	33	34	35	36	37	38	39	40
41	42	43	44	45	46	47	48	49	50
51	52	53	54	55	56	57	58	59	60

색칠한 수는 □ 씩 커지는 규칙이

있습니다.

04 규칙에 따라 색칠하고, 색칠한 수의 규칙을 써 보세요.

31	32	33	34	35	36	37	38	39	40
41	42	43	44	45	46	47	48	49	50
51	52	53	54	55	56	57	58	59	60

색칠한 수는 □ 씩 커지는 규칙이

있습니다.

05 규칙에 따라 빈칸에 알맞은 수를 쓰고, 두 수의 크기를 비교해 보세요.

(가) | 20 | 40 | 80 | 20 | | 80 |

(나) | 42 | | 40 | 39 | 38 | 37 |

□ > □

06 규칙에 따라 동전을 나열했습니다. 다음에 올 동전에 ○표 하세요.

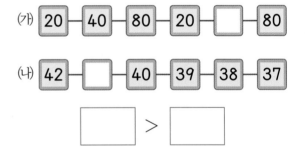

( ) ( ) ( )

07 규칙에 따라 빈칸에 알맞은 수를 써넣으세요.

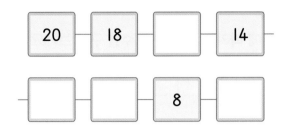

08 규칙에 따라 빈칸에 알맞은 수를 써넣고, 두 수를 모으기 한 수를 구해 보세요.

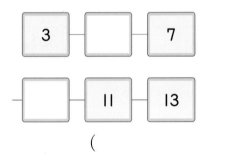

(　　　　　)

09 규칙에 따라 나머지 부분을 색칠해 보세요.

51	52	53	54	55	56	57	58	59	60
61	62	63	64	65	66	67	68	69	70
71	72	73	74	75	76	77	78	79	80

10 실생활 활용 |||||||||||||||||||||||||||||||||||

규칙에 따라 책상의 빈칸에 알맞은 수를 써넣고, 민주의 자리에 색칠해 보세요.

1	5	9	
2	6		
3		11	15
4	8		16

내 번호는 10번인데 내 자리는 어디일까?

민주

11 교과 융합 |||||||||||||||||||||||||||||||||||

영화관에 간 미진이가 좌석을 확인하는데 어두워서 좌석의 번호가 잘 보이지 않았습니다. 규칙을 찾아 ♡ 가 그려진 좌석의 번호를 구해 보세요.

				27	28	29	30
							40
					♡		50
							60

(　　　　　)

수해력을 완성해요

규칙에 따라 알맞은 수 구하기

규칙에 따라 ♡ 에 알맞은 수를 구해 보세요.

39	36		30	27	24		18	♡

해결하기

1단계 규칙을 찾아보면 **39**부터 시작하여 ☐ 씩 작아집니다.

2단계 규칙에 따라 빈칸을 완성해 봅니다.

39	36		30	27	24		18	

3단계 ♡ 에 알맞은 수는 18보다 ☐ 이 작은 ☐ 입니다.

1-1

규칙에 따라 ♣ 에 알맞은 수를 구해 보세요.

1	3	5	1		5	1			♣

( )

1-2

규칙에 따라 ♪에 알맞은 수를 구해 보세요.

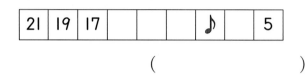

21	19	17			♪		5

( )

1-3

규칙에 따라 ⊙에 알맞은 수를 구해 보세요.

⊙				35	30	25	20

( )

1-4

규칙에 따라 ▣에 알맞은 수를 구해 보세요.

1		▣	13		21	25	29

( )

대표 응용 2

규칙에 따라 알맞은 수 구하기

규칙에 따라 ㉠, ㉡에 알맞은 수를 구해 보세요.

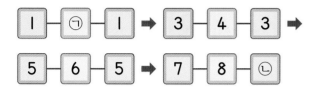

해결하기

1단계 ☐의 수는 홀수가 1부터 두 번씩 반복되며 커집니다. 따라서 1, 1, 3, 3, 5, 5, 7 다음 수는 ☐ 입니다.

2단계 ☐의 수는 4, 6, 8로 2씩 커지고 있습니다. 따라서 처음에 올 수는 ☐ 입니다.

3단계 ㉠은 ☐, ㉡은 ☐ 입니다.

2-1

규칙에 따라 ㉠, ㉡에 알맞은 수를 구해 보세요.

```
1 — 2 — 1 ➡ 2 — ㉠ — 2 ➡
3 — ㉡ — 3 ➡ 4 — 8 — 4
```

㉠ (   )
㉡ (   )

2-2

규칙에 따라 ㉠, ㉡에 알맞은 수를 구해 보세요.

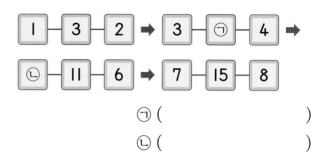

㉠ (   )
㉡ (   )

2-3

규칙에 따라 ㉠, ㉡에 알맞은 수를 구해 보세요.

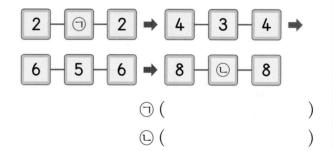

㉠ (   )
㉡ (   )

2-4

규칙에 따라 ㉠, ㉡에 알맞은 수를 구해 보세요.

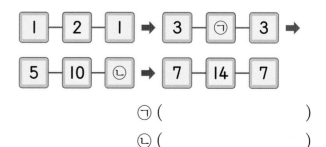

㉠ (   )
㉡ (   )

펭수의 집을 찾아 주세요!

활동 1 | 펭수가 길을 잃었어요.
펭수가 집에 가기 위해서는 1부터 100까지 수의 순서대로 길을 찾아야 해요.
펭수의 집 찾기를 도와주러 가 볼까요?

길을 잃었어요. 집을 찾을
수 있게 도와주세요.

1	2	9	10	27	28	33	34	39	40
4	3	8	11	26	29	32	35	38	41
5	6	7	12	25	30	31	36	37	42
16	15	14	13	24	47	46	45	44	43
17	18	19	20	23	48	49	50	51	52
74	73	72	21	22	57	56	55	54	53
75	76	71	70	69	58	59	60	61	62
78	77	82	83	68	67	66	65	64	63
79	80	81	84	85	86	87	88	89	90
100	99	98	97	96	95	94	93	92	91

드디어 도착!
도와줘서 고마워요.

100을 알아보아요!

온=100(백)

온

순 우리말로 100은
온이라고 합니다.

1세기=100년

100년

1세기는 100년을 뜻해요.
지금은 21세기입니다.

100 ℃

물은 100 ℃에서 끓습니다.

100 m

100 m 달리기에서
세계 신기록을 세운 사람은
우사인 볼트입니다.

100 km/h

고속도로에서
자동차는 100 km/h의
빠르기로 달릴 수 있습니다.

100점

시험 문제를 모두 맞히면
100점입니다.

국보 100호

우리나라 국보 100호는 개성
남계원 터 칠층석탑입니다.

100개월은
8년 4개월이야~

100개월

100개월은 8년 4개월입니다.

100일

단군왕검 신화에서 곰이
100일간 쑥과 마늘을 먹고
사람으로 변했다고 전해집니다.

04 단원

받아올림과 받아내림이 없는 두 자리 수의 덧셈과 뺄셈

엄마, 맛있는 쿠키 얼른 먹고 싶어요.

조금만 기다리렴. 곧 완성될 거야.

채은아, 쿠키가 다 구워졌네. 우리가 구운 쿠키는 모두 몇 개일까?

음, 버터 쿠키는 23개, 초콜릿 쿠키는 15개예요. 몇 개는 친구 가져다 줄래요.

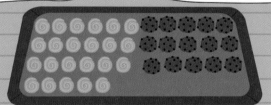

수호야, 엄마와 내가 만든 쿠키야. 맛있게 먹어.

와! 맛있겠다. 잘 먹을게.

친구에게 쿠키는 잘 주고 왔니? 이제 버터 쿠키는 몇 개가 남았을까?

아까는 버터 쿠키가 23개 있었는데, 친구에게 12개 를 줬으니까…

이번 4단원에서는 받아올림이 없는 두 자리 수의 덧셈과
받아내림이 없는 두 자리 수의 뺄셈 계산 방법에 대해 배울 거예요.
이전에 배운 한 자리 수의 덧셈과 뺄셈 계산 원리를 떠올려 보아요.

1. 받아올림이 없는 두 자리 수의 덧셈

개념 1 받아올림이 없는 (몇십몇)+(몇)을 계산해 볼까요

알고 있어요!

5+3의 계산

그림으로 알아보기

5+3=8

수판에 그림 그려 알아보기

5+3=8

알고 싶어요!

15+3의 계산

• 그림으로 알아보기

15+3=18

• 모형으로 알아보기

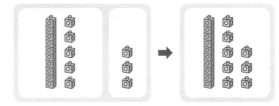

15+3=18

10개씩 묶음의 수는 그대로이고, 낱개의 수가 3개 더 늘어났어요.

• 식으로 나타내기

낱개끼리 더해야 하므로 낱개의 수끼리 줄을 맞춰요.

낱개의 수끼리 줄을 맞추어 쓰기 → 낱개의 수끼리 더하기 → 10개씩 묶음의 수 그대로 쓰기

💡 (몇십몇)＋(몇)의 계산은 낱개끼리 더하고, 10개씩 묶음의 수는 그대로 내려 씁니다.

[(몇십몇)＋(몇) 이렇게 계산해요.]

$$\begin{array}{r} 2\,2 \\ +\ \ 7 \\ \hline \end{array} \rightarrow \begin{array}{r} 2\,2 \\ +\ \ 7 \\ \hline 9 \end{array} \rightarrow \begin{array}{r} 2\,2 \\ +\ \ 7 \\ \hline 2\,9 \end{array}$$

개념 2 받아올림이 없는 (몇십)+(몇십)을 계산해 볼까요

· 20+30의 계산 방법을 모형으로 알아보기

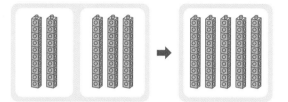

$$20+30=50$$

(몇십)+(몇십)을 계산할 때는 10개씩 묶음이 몇 개 있는지 살펴봐요.

10개씩 묶음 2개와 10개씩 묶음 3개를 더했더니 10개씩 묶음이 5개가 되었어요.

$$\begin{array}{r} 2\;0 \\ +\;3\;0 \\ \hline \end{array}$$
→
$$\begin{array}{r} 2\;0 \\ +\;3\;0 \\ \hline \;0 \end{array}$$
→
$$\begin{array}{r} 2\;0 \\ +\;3\;0 \\ \hline 5\;0 \end{array}$$

10개씩 묶음이 5개면 50이에요. 20+30=50이에요.

| 낱개의 수끼리, 10개씩 묶음의 수끼리 줄을 맞추어 쓰기 | → | 낱개는 0 | → | 10개씩 묶음의 수끼리 더하기 |

 (몇십)+(몇십)의 계산은 10개씩 묶음의 수끼리 더하여 계산합니다.

개념 3 받아올림이 없는 (몇십몇)+(몇십몇)을 계산해 볼까요

· 12+24의 계산 방법을 모형으로 알아보기

$$12+24=36$$

2+4=6 ◄   ► 3+5=8

10개씩 묶음은 모두 3개가 되었고, 낱개는 모두 6개가 되었어요.

$$\begin{array}{r} 1\;2 \\ +\;2\;4 \\ \hline \end{array}$$
→
$$\begin{array}{r} 1\;2 \\ +\;2\;4 \\ \hline \;6 \end{array}$$
→
$$\begin{array}{r} 1\;2 \\ +\;2\;4 \\ \hline 3\;6 \end{array}$$

10개씩 묶음 3개와 낱개 6개는 36이에요. 12+24=36이에요.

| 낱개의 수끼리, 10개씩 묶음의 수끼리 줄을 맞추어 쓰기 | → | 낱개의 수끼리 더하기 | → | 10개씩 묶음의 수끼리 더하기 |

 (몇십몇)+(몇십몇)의 계산은 낱개의 수끼리, 10개씩 묶음의 수끼리 더해 줍니다.

수해력을 확인해요

・한 자리 수의 덧셈

$$3+5=\boxed{8}$$

・(몇십몇)+(몇)

$$\begin{array}{r} 1\ 3 \\ +\quad 5 \\ \hline 1\ 8 \end{array}$$

・한 자리 수의 덧셈

$$1+2=\boxed{3}$$

・(몇십)+(몇십)

$$\begin{array}{r} 1\ 0 \\ +\ 2\ 0 \\ \hline 3\ 0 \end{array}$$

01~04 덧셈을 해 보세요.

01

(1) $2+6=\boxed{}$

(2)
$$\begin{array}{r} 2\ 2 \\ +\quad 6 \\ \hline \end{array}$$

02

(1) $5+2=\boxed{}$

(2)
$$\begin{array}{r} 3\ 5 \\ +\quad 2 \\ \hline \end{array}$$

03

(1) $4+5=\boxed{}$

(2) $44+5=\boxed{}$

04

(1) $7+1=\boxed{}$

(2) $7+61=\boxed{}$

05~08 덧셈을 해 보세요.

05

(1) $2+3=\boxed{}$

(2)
$$\begin{array}{r} 2\ 0 \\ +\ 3\ 0 \\ \hline \end{array}$$

06

(1) $5+4=\boxed{}$

(2)
$$\begin{array}{r} 5\ 0 \\ +\ 4\ 0 \\ \hline \end{array}$$

07

(1) $2+7=\boxed{}$

(2) $20+70=\boxed{}$

08

(1) $5+1=\boxed{}$

(2) $50+10=\boxed{}$

- (몇십)+(몇십)

$$\begin{array}{r} 1\ 0 \\ +\ 2\ 0 \\ \hline \boxed{3\ 0} \end{array}$$

- (몇십몇)+(몇십몇)

$$\begin{array}{r} 1\ 2 \\ +\ 2\ 5 \\ \hline \boxed{3\ 7} \end{array}$$

09~17 덧셈을 해 보세요.

09

(1)
$$\begin{array}{r} 2\ 0 \\ +\ 1\ 0 \\ \hline \end{array}$$

(2)
$$\begin{array}{r} 2\ 2 \\ +\ 1\ 6 \\ \hline \end{array}$$

10

(1)
$$\begin{array}{r} 3\ 0 \\ +\ 1\ 0 \\ \hline \end{array}$$

(2)
$$\begin{array}{r} 3\ 1 \\ +\ 1\ 8 \\ \hline \end{array}$$

11

(1)
$$\begin{array}{r} 1\ 0 \\ +\ 5\ 0 \\ \hline \end{array}$$

(2)
$$\begin{array}{r} 1\ 2 \\ +\ 5\ 4 \\ \hline \end{array}$$

12

(1)
$$\begin{array}{r} 6\ 0 \\ +\ 1\ 0 \\ \hline \end{array}$$

(2)
$$\begin{array}{r} 6\ 6 \\ +\ 1\ 1 \\ \hline \end{array}$$

13

(1)
$$\begin{array}{r} 2\ 0 \\ +\ 4\ 0 \\ \hline \end{array}$$

(2)
$$\begin{array}{r} 2\ 5 \\ +\ 4\ 3 \\ \hline \end{array}$$

14

(1)
$$\begin{array}{r} 3\ 0 \\ +\ 6\ 0 \\ \hline \end{array}$$

(2)
$$\begin{array}{r} 3\ 8 \\ +\ 6\ 1 \\ \hline \end{array}$$

15

(1) $50+20=\boxed{}$

(2) $55+20=\boxed{}$

16

(1) $10+40=\boxed{}$

(2) $13+44=\boxed{}$

17

(1) $10+70=\boxed{}$

(2) $16+72=\boxed{}$

수해력을 높여요

01 그림을 보고 □ 안에 알맞은 수를 써넣으세요.

$$20 + \boxed{} = \boxed{}$$

02 모형을 보고 □ 안에 알맞은 수를 써넣으세요.

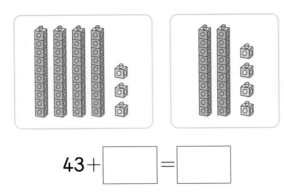

$$43 + \boxed{} = \boxed{}$$

03 덧셈을 해 보세요.

(1)
```
    3 0
  + 4 0
  ─────
```

(2)
```
    3 5
  + 4 2
  ─────
```

04 현준이와 중경이가 가지고 있는 장난감 차는 모두 몇 대인가요? (   )

나는 15대의 장난감 차를 가지고 있어.

내가 가진 장난감 차는 13대야.

현준   중경

① 26대   ② 27대   ③ 28대
④ 29대   ⑤ 30대

05 합이 같은 것끼리 선으로 이어 보세요.

30+10	·	·	60+7
51+13	·	·	20+20
43+24	·	·	40+24

06 빈칸에 알맞은 수를 써넣으세요.

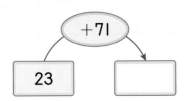

$+71$

23 → □

07 합이 가장 큰 것에 색칠해 보세요.

08 계산 결과가 짝수인 것은 ○표, 홀수인 것은 ×
표 하세요.

1 0	9 2	2 2
+ 6 7	+ 6	+ 5 4

(   )   (   )   (   )

09 라희와 지윤이는 귤 농장에 가서 귤 따기 체험
을 했습니다. 라희는 귤을 33개 땄고, 지윤이
는 36개 땄습니다. 라희와 지윤이가 딴 귤은
모두 몇 개인지 구해 보세요.

(   )

⑩ 실생활 활용

은서는 엄마와 마트에 가서 과일을 샀습니다.
사과 24개와 키위 12개를 샀다면 은서와 엄마
가 산 과일은 모두 몇 개인지 구해 보세요.

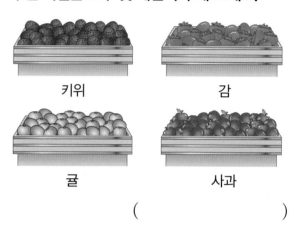

키위   감

귤   사과

(   )

⑪ 교과 융합

유빈이는 공원에서 아기가 걷는 모습을 보고 흉
내내는 말을 넣어 일기를 썼습니다. 유빈이가
쓴 일기의 빈칸에 알맞은 수를 써넣으세요.

○○월 ○○일 날씨: ☀

오늘 바람이 살랑살랑 불어 공원에 갔다.
공원에서 걸음마 연습을 하는 아기를 봤다.
첫 번째 연습에서 아기는 8걸음을 걸었다.
두 번째 연습에서는 11걸음을 걸었다.

아기는 모두 [   ] 걸음을 걸었다.

아기가 아장아장 걷는 모습이 정말 귀여웠다.

수해력을 완성해요

대표 응용 1

수 카드에 적힌 수의 합 구하기

3장의 수 카드에 적힌 수 중에서 가장 큰 수와 가장 작은 수의 합을 구해 보세요.

| 33 | 16 | 51 |

해결하기

 1단계 세 수의 크기를 비교합니다.

$$\boxed{} > \boxed{} > \boxed{}$$

2단계 가장 큰 수는 $\boxed{}$ 이고, 가장 작은

수는 $\boxed{}$ 입니다.

3단계 가장 큰 수와 가장 작은 수를 더합니다.

$$\boxed{} + \boxed{} = \boxed{}$$

1-1

3장의 수 카드에 적힌 수 중에서 가장 큰 수와 가장 작은 수의 합을 구해 보세요.

| 23 | 36 | 41 |

(   )

1-2

3장의 수 카드에 적힌 수 중에서 가장 큰 수와 가장 작은 수의 합을 구해 보세요.

| 72 | 26 | 11 |

(   )

1-3

3장의 수 카드에 적힌 수 중에서 가장 큰 수와 가장 작은 수의 합을 구해 보세요.

| 66 | 13 | 30 |

(   )

1-4

4장의 수 카드에 적힌 수 중에서 가장 큰 수와 가장 작은 수의 합을 구해 보세요.

| 24 | 40 | 35 | 51 |

(   )

대표 응용 2

□ 안에 들어갈 수 있는 수 구하기

I부터 9까지의 수 중에서 □ 안에 들어갈 수 있는 수는 모두 몇 개인지 구해 보세요.

$$23+3>2\square$$

해결하기

1단계 덧셈식을 계산합니다.

$$23+3=\boxed{}$$

2단계 $\boxed{}>2\square$ 에서 I부터 9까지의 수 중에서 □ 안에 들어갈 수 있는 수는

$\boxed{}$, $\boxed{}$, $\boxed{}$, $\boxed{}$, $\boxed{}$ 입니다.

3단계 따라서 □ 안에 들어갈 수 있는 수는 모두 $\boxed{}$ 개입니다.

2-1

I부터 9까지의 수 중에서 □ 안에 들어갈 수 있는 수를 모두 구해 보세요.

$$2+12>1\square$$

(   )

2-2

I부터 9까지의 수 중에서 □ 안에 들어갈 수 있는 수는 모두 몇 개인지 구해 보세요.

$$51+32>8\square$$

(   )

2-3

I부터 9까지의 수 중에서 □ 안에 들어갈 수 있는 수를 모두 구해 보세요.

$$16+40<5\square$$

(   )

2-4

I부터 9까지의 수 중에서 □ 안에 들어갈 수 있는 수는 모두 몇 개인지 구해 보세요.

$$43+34<7\square$$

(   )

2. 받아내림이 없는 두 자리 수의 뺄셈

개념 1 받아내림이 없는 (몇십몇)-(몇)을 계산해 볼까요

알고 있어요!

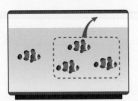

4-3의 계산

그림으로 알아보기

○⊘⊘⊘

4-3=1

짝 지어 알아보기

4-3=1

알고 싶어요!

34-3의 계산

• 그림으로 알아보기

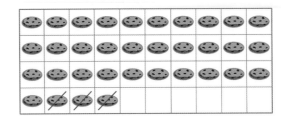

34-3=31

• 모형으로 알아보기

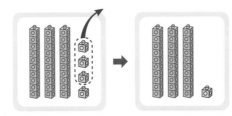

34-3=31

10개씩 묶음의 수는 그대로이고, 낱개의 수가 3개 줄었어요.

• 식으로 나타내기

낱개끼리 빼야 하므로 낱개의 수끼리 줄을 맞춰요.

낱개의 수끼리 줄을 맞추어 쓰기 ➡ 낱개의 수끼리 빼기 ➡ 10개씩 묶음의 수 그대로 쓰기

 (몇십몇) − (몇)의 계산은 낱개의 수끼리 빼고, 10개씩 묶음의 수는 그대로 내려 씁니다.

[(몇십몇)−(몇십) 이렇게 계산해요.]

$$\begin{array}{r} 4\ 7 \\ -\ \ \ 2 \\ \hline \end{array} \rightarrow \begin{array}{r} 4\ 7 \\ -\ \ \ 2 \\ \hline 5 \end{array} \rightarrow \begin{array}{r} 4\ 7 \\ -\ \ \ 2 \\ \hline 4\ 5 \end{array}$$

개념2 받아내림이 없는 (몇십)-(몇십)을 계산해 볼까요

• 40−30의 계산 방법을 모형으로 알아보기

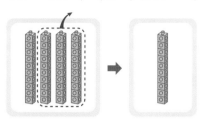

$40-30=10$

(몇십)-(몇십)을 계산할 때는 10개씩 묶음이 몇 개 남았는지 살펴봐요.

10개씩 묶음 4개에서 3개를 뺐더니 10개씩 묶음 1개가 남았어요.

$$\begin{array}{r} 4\;0 \\ -\,3\;0 \\ \hline \end{array} \rightarrow \begin{array}{r} 4\;0 \\ -\,3\;0 \\ \hline 0 \end{array} \rightarrow \begin{array}{r} 4\;0 \\ -\,3\;0 \\ \hline 1\;0 \end{array}$$

10개씩 묶음이 1개면 10이에요. 40-30=10이에요.

| 낱개의 수끼리, 10개씩 묶음의 수끼리 줄을 맞추어 쓰기 | → | 낱개는 0 | → | 10개씩 묶음의 수끼리 빼기 |

 (몇십) − (몇십)의 계산은 10개씩 묶음의 수끼리 빼서 계산합니다.

개념3 받아내림이 없는 (몇십몇)-(몇십몇)을 계산해 볼까요

• 45−32의 계산 방법을 모형으로 알아보기

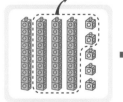

$45-32=13$

$$\begin{array}{r} 3\;9 \\ -\,1\;6 \\ \hline 2\;3 \end{array}$$
$3-1=2$ ◀   ▶ $9-6=3$

10개씩 묶음 1개와 낱개 3개가 남았어요.

$$\begin{array}{r} 4\;5 \\ -\,3\;2 \\ \hline \end{array} \rightarrow \begin{array}{r} 4\;5 \\ -\,3\;2 \\ \hline 3 \end{array} \rightarrow \begin{array}{r} 4\;5 \\ -\,3\;2 \\ \hline 1\;3 \end{array}$$

10개씩 묶음 1개와 낱개 3개는 13이에요. 45-32=13이에요.

| 낱개의 수끼리, 10개씩 묶음의 수끼리 줄을 맞추어 쓰기 | → | 낱개의 수끼리 빼기 | → | 10개씩 묶음의 수끼리 빼기 |

💡 (몇십몇)−(몇십몇)의 계산은 낱개의 수끼리, 10개씩 묶음의 수끼리 빼 줍니다.

수해력을 확인해요

- 한 자리 수의 뺄셈

$$5-3=\boxed{2}$$

- (몇십몇)−(몇)

$$\begin{array}{r} 1\ 5 \\ -\ \ \ 3 \\ \hline \boxed{1\ 2} \end{array}$$

- 한 자리 수의 뺄셈

$$2-1=\boxed{1}$$

- (몇십)−(몇십)

$$\begin{array}{r} 2\ 0 \\ -\ 1\ 0 \\ \hline \boxed{1\ 0} \end{array}$$

01~04 뺄셈을 해 보세요.

05~08 뺄셈을 해 보세요.

01

(1) $6-3=\boxed{}$

(2)
$$\begin{array}{r} 2\ 6 \\ -\ \ \ 3 \\ \hline \boxed{} \end{array}$$

02

(1) $7-2=\boxed{}$

(2)
$$\begin{array}{r} 3\ 7 \\ -\ \ \ 2 \\ \hline \boxed{} \end{array}$$

03

(1) $5-4=\boxed{}$

(2) $45-4=\boxed{}$

04

(1) $8-1=\boxed{}$

(2) $68-1=\boxed{}$

05

(1) $4-3=\boxed{}$

(2)
$$\begin{array}{r} 4\ 0 \\ -\ 3\ 0 \\ \hline \boxed{} \end{array}$$

06

(1) $9-7=\boxed{}$

(2)
$$\begin{array}{r} 9\ 0 \\ -\ 7\ 0 \\ \hline \boxed{} \end{array}$$

07

(1) $7-4=\boxed{}$

(2) $70-40=\boxed{}$

08

(1) $5-1=\boxed{}$

(2) $50-10=\boxed{}$

• (몇십)-(몇십)

```
    3 0
  - 1 0
  -----
    2 0
```

• (몇십몇)-(몇십몇)

```
    3 5
  - 1 2
  -----
    2 3
```

09~17 뺄셈을 해 보세요.

09

(1)
```
    5 0
  - 3 0
  -----
```

(2)
```
    5 5
  - 3 4
  -----
```

10

(1)
```
    4 0
  - 2 0
  -----
```

(2)
```
    4 3
  - 2 1
  -----
```

11

(1)
```
    6 0
  - 2 0
  -----
```

(2)
```
    6 7
  - 2 4
  -----
```

12

(1)
```
    8 0
  - 5 0
  -----
```

(2)
```
    8 6
  - 5 1
  -----
```

13

(1)
```
    5 0
  - 2 0
  -----
```

(2)
```
    5 5
  - 2 3
  -----
```

14

(1)
```
    8 0
  - 3 0
  -----
```

(2)
```
    8 8
  - 3 1
  -----
```

15

(1) 90-50= ☐

(2) 95-50= ☐

16

(1) 70-30= ☐

(2) 74-33= ☐

17

(1) 60-30= ☐

(2) 66-32= ☐

수해력을 높여요

01 그림을 보고 □ 안에 알맞은 수를 써넣으세요.

$$37 - \boxed{} = \boxed{}$$

02 그림을 보고 □ 안에 알맞은 수를 써넣으세요.

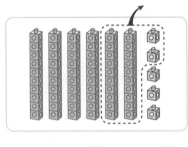

$$65 - \boxed{} = \boxed{}$$

03 뺄셈을 해 보세요.

(1)
$$\begin{array}{r} 4\ 0 \\ -\ 1\ 0 \\ \hline \boxed{} \end{array}$$

(2)
$$\begin{array}{r} 7\ 5 \\ -\ 4\ 2 \\ \hline \boxed{} \end{array}$$

04 계산한 값을 찾아 선으로 이어 보세요.

$$70-20 \quad \cdot \qquad \cdot \quad 41$$

$$97-37 \quad \cdot \qquad \cdot \quad 60$$

$$48-7 \quad \cdot \qquad \cdot \quad 50$$

05 계산 결과를 비교하여 ○ 안에 >, =, <를 알맞게 써넣으세요.

$$58-16 \quad \bigcirc \quad 83-41$$

06 빈칸에 알맞은 수를 써넣으세요.

(1)
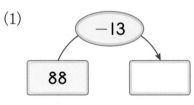

(2)
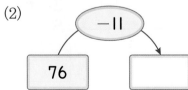

07 석현이와 준서는 수 카드 중에서 2장을 골라 차가 30이 되는 뺄셈식을 만들려고 합니다. 석현이가 30을 뽑았다면 준서는 어떤 카드를 뽑아야 할지 구해 보세요.

| 20 | 30 | 50 | 60 |

(   )

08 뺄셈식을 바르게 계산한 사람은 누구인가요?

```
  3 6
-   2
  1 6
```
태윤

```
  3 6
-   2
  3 4
```
주아

(   )

09 수린이는 줄넘기를 어제 96번 했고, 오늘은 어제보다 12번 적게 했습니다. 수린이는 오늘 줄넘기를 몇 번 했는지 구해 보세요.

(   )

10 실생활 활용

마트에서 35명의 사람에게 토끼 인형을 반값에 판매하려고 합니다. 그림과 같이 사람들이 줄을 섰다면 앞으로 몇 명의 사람들이 토끼 인형을 반값에 살 수 있는지 구해 보세요.

(   )

11 교과 융합

옛날 사람들은 빨래터에 모여서 함께 빨래를 했습니다. 빨래터에서 24명의 사람들이 빨래를 하고 있었는데, 12명이 빨래를 끝내고 돌아갔습니다. 빨래터에 남은 사람은 몇 명인가요?

폴 고갱 '빨래하는 아를의 여인'

(   )

수해력을 완성해요

뺄셈식에서 모르는 수 구하기

●와 ▲에 알맞은 수를 각각 구해 보세요.

```
    ●  7
 −  6  ▲
    2  5
```

해결하기

1단계 $7 - ▲ = 5$ 이므로 ▲ = ☐ 입니다.

2단계 $● - 6 = 2$ 이므로 ● = ☐ 입니다.

3단계 따라서 ● = ☐, ▲ = ☐ 입니다.

1-1

☐ 안에 알맞은 수를 써넣으세요.

```
    ☐  6
 −  2  ☐
    5  3
```

1-2

☐ 안에 알맞은 수를 써넣으세요.

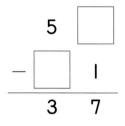

```
    5  ☐
 −  ☐  1
    3  7
```

1-3

▲와 ♥에 알맞은 수를 각각 구해 보세요.

```
    9  6
 −  2  ▲
    ♥  2
```

▲ (   )

♥ (   )

1-4

●와 ★에 알맞은 수의 차를 구해 보세요.

```
    ●  8
 −  2  6
    2  ★
```

(   )

대표 응용 2

차가 가장 큰 뺄셈식 만들기

수 카드 중에서 2장을 골라 차가 가장 큰 뺄셈식을 만들어 보세요.

| 20 | 46 | 35 |

해결하기

1단계 차가 가장 큰 뺄셈식을 만들기 위해서는 가장 (큰 , 작은) 수에서 가장 (큰 , 작은) 수를 빼야 합니다.

2단계 가장 큰 수는 [   ] 이고, 가장 작은 수는 [   ] 입니다.

3단계 따라서 [   ] ─ [   ] = [   ] 입니다.

2-1

수 카드 중에서 2장을 골라 차가 가장 큰 뺄셈식을 만들어 보세요.

| 13 | 38 | 76 |

2-2

수 카드 중에서 2장을 골라 차가 가장 큰 뺄셈식을 만들어 보세요.

| 33 | 55 | 3 |

2-3

수 카드 중에서 2장을 골라 차가 가장 큰 뺄셈식을 만들어 보세요.

| 95 | 14 | 55 | 29 |

2-4

수 카드 중에서 2장을 골라 차가 가장 큰 뺄셈식을 만들어 보세요.

| 10 | 50 | 65 | 41 | 27 |

[   ] ─ [   ] = [   ]

3. 여러 가지 방법으로 덧셈, 뺄셈하기

개념 1 여러 가지 방법으로 덧셈을 해 볼까요

알고 있어요!

$$
\begin{array}{r}
3\ 2 \\
+\ 1\ 5 \\
\hline
4\ 7
\end{array}
$$

다른 방법으로 계산할 수 있을까요?

알고 싶어요!

그림을 보고 덧셈식을 만들어 볼까요

토끼 인형 22개

곰 인형 13개

강아지 인형 11개

그림을 보고 덧셈식을 만들어서 여러 가지 방법으로 계산해 볼까요?

토끼 인형과 곰 인형은 모두 22+13=35(개) 있어요.

20과 10을 더하고, 2와 3을 더하면 35예요.

곰 인형과 강아지 인형의 합은 13+11=24(개)예요.

13에 10을 더하고, 1을 더하면 구할 수 있어요.

토끼 인형과 곰 인형 수의 합은 13+22=35(개)로 나타낼 수도 있어요.

토끼 인형과 곰 인형의 합은 22와 3을 더해서 25를 구하고, 그 수에 10을 더해서 35를 구할 수도 있어요.

그림 살펴보기 ➡ 만들 수 있는 덧셈식 생각하기 ➡ 여러 가지 방법으로 덧셈식 계산하기

[45+23을 여러 가지 방법으로 계산하기]

방법1 40과 20을 더하고, 5와 3을 더합니다.

방법2 45에 3을 더해서 48을 구한 뒤, 그 수에 20을 더합니다.

방법3 45에 20을 더해서 65를 구한 뒤, 그 수에 3을 더합니다.

여러 가지 방법으로 더해 보았는데, 모두 68이 돼요.

개념 2 여러 가지 방법으로 뺄셈을 해 볼까요

알고 있어요!

$$\begin{array}{r} 6\,8 \\ -\,2\,5 \\ \hline 4\,3 \end{array}$$

다른 방법으로 계산할 수 있을까요?

알고 싶어요!

그림을 보고 뺄셈식을 만들어 볼까요

장난감 자동차 39대

장난감 비행기 27대

장난감 자동차는 장난감 비행기보다 몇 대 더 많을까요?

39−27=12(대)입니다.

39에서 20을 빼고, 다시 7을 빼면 12가 됩니다.

장난감 자동차를 14명의 학생들에게 한 대씩 나눠 주면 몇 대가 남을까요?

39−14=25(대)입니다.

39에서 4를 빼고, 다시 10을 빼면 25가 됩니다.

장난감 자동차와 비행기 수의 차는 30에서 20을 빼고, 9에서 7을 빼서 구할 수도 있어요.

그림 살펴보기 ➡ 만들 수 있는 뺄셈식 생각하기 ➡ 여러 가지 방법으로 뺄셈식 계산하기

[56−32를 여러 가지 방법으로 계산하기]

방법1 50에서 30을 빼고, 6에서 2를 뺍니다.

방법2 56에서 2를 빼서 54를 구한 뒤, 그 수에서 30을 뺍니다.

방법3 56에서 30을 빼서 26을 구한 뒤, 그 수에서 2를 뺍니다.

여러 가지 방법으로 계산 해 보았는데, 모두 24가 돼요.

수해력을 높여요

01~03 그림을 보고 물음에 답해 보세요.

| 사과 17개 | 수박 12개 | 참외 20개 |

01 사과와 수박은 모두 몇 개인가요?

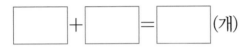 (개)

02 수박과 참외는 모두 몇 개인가요?

 (개)

03 사과와 참외는 모두 몇 개인가요?

 (개)

04~06 그림을 보고 물음에 답하세요.

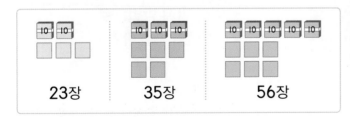

| 23장 | 35장 | 56장 |

04 분홍색 색종이는 노란색 색종이보다 몇 장 더 많은가요?

 (장)

05 하늘색 색종이는 분홍색 색종이보다 몇 장 더 많은가요?

 (장)

06 준하는 종이접기를 하는 데 노란색 색종이와 분홍색 색종이를 각각 3장씩 사용했습니다. 노란색 색종이와 분홍색 색종이는 각각 몇 장씩 남았는지 구해 보세요.

(1) 노란색 색종이

 (장)

(2) 분홍색 색종이

 (장)

07 그림을 보고 여러 가지 덧셈식을 써 보세요.

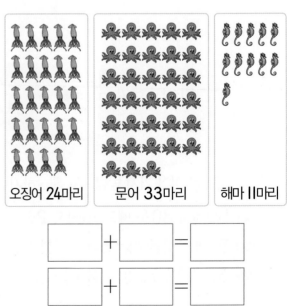

| 오징어 24마리 | 문어 33마리 | 해마 11마리 |

$$\boxed{} + \boxed{} = \boxed{}$$

$$\boxed{} + \boxed{} = \boxed{}$$

08 그림을 보고 여러 가지 뺄셈식을 써 보세요.

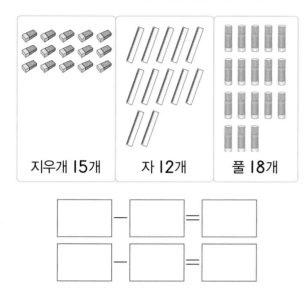

지우개 15개 | 자 12개 | 풀 18개

☐ ─ ☐ = ☐

☐ ─ ☐ = ☐

09 42＋24를 바르게 계산한 사람은 누구인가요?

현호: 나는 42에 20을 더해서 62를 구하고, 그 수에 4를 더했어.

정빈: 나는 40과 20을 더하고, 그 수에 4를 더했어.

수현: 나는 42에 4를 더해서 46을 구하고, 그 수에 2를 더했어.

(   )

10 연못에 잉어 27마리, 금붕어 14마리가 있습니다. 잉어는 금붕어보다 몇 마리 더 많은지 알아보려고 합니다. ☐ 안에 알맞은 수를 써넣으세요.

☐ ─ ☐ = ☐

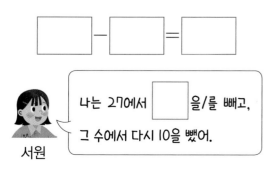

나는 27에서 ☐ 을/를 빼고, 그 수에서 다시 10을 뺐어.

서원

11 실생활 활용

냉장고에 달걀이 23개 있습니다. 엄마와 지유는 마트에서 달걀 15개를 더 사 왔습니다. ☐ 안에 알맞은 수를 써넣으세요.

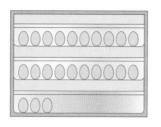

엄마: 지유야, 달걀이 모두 몇 개 있니?

지유: 20과 10을 더하고, 3과 ☐ 을/를 더하면 모두 ☐ 개가 있어요.

12 교과 융합

옛날 사람들은 초가집이나 기와집에 살았습니다. 그림을 보고 초가집은 기와집보다 몇 채 더 많은지 알아보려고 합니다. ☐ 안에 알맞은 수를 써넣으세요.

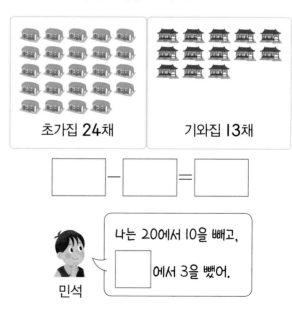

초가집 24채 | 기와집 13채

☐ ─ ☐ = ☐

나는 20에서 10을 빼고, ☐ 에서 3을 뺐어.

민석

대표 응용
1 그림을 보고 문제 해결하기

튤립과 장미의 수를 합하면 코스모스의 수보다 몇 송이 더 많을까요?

튤립

장미

코스모스

해결하기

1단계 튤립은 ☐ 송이, 장미는 ☐ 송이

이므로 튤립과 장미의 수를 합하면

☐ + ☐ = ☐ (송이)입니다.

2단계 코스모스는 ☐ 송이입니다.

3단계 따라서 튤립과 장미는 코스모스보다

☐ − ☐ = ☐ (송이) 더 많습니다.

1-1

꿀벌과 나비의 수를 합하면 무당벌레의 수보다 몇 마리 더 많을까요?

꿀벌

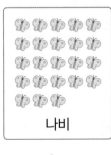
나비

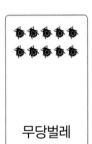
무당벌레

( )

1-2

거북이와 꽃게의 수를 합하면 물고기의 수보다 몇 마리 더 많을까요?

거북이

꽃게

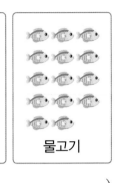
물고기

( )

1-3

연필과 색연필의 수를 합하면 볼펜의 수보다 몇 자루 더 많을까요?

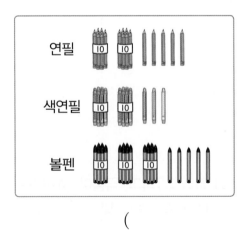

( )

대표 응용 2

그림을 보고 덧셈식 만들기

냉장고 윗칸에 있는 우유는 모두 몇 개인가요?

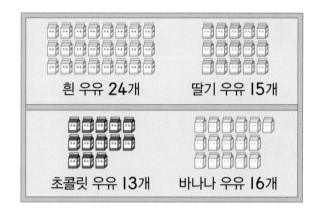

흰 우유 24개   딸기 우유 15개

초콜릿 우유 13개   바나나 우유 16개

해결하기

1단계 냉장고 윗칸에는 흰 우유 ☐ 개,
딸기 우유 ☐ 개가 있습니다.

2단계 따라서 윗칸에 있는 우유는 모두
☐ + ☐ = ☐ (개)입니다.

2-1

냉장고 윗칸에 있는 요거트는 모두 몇 개인가요?

복숭아 요거트 16개   딸기 요거트 21개

블루베리 요거트 23개   포도 요거트 14개

☐ + ☐ = ☐ (개)

2-2

옷장 아랫칸에 있는 옷은 모두 몇 벌인가요?

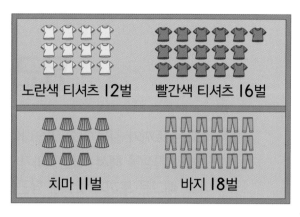

노란색 티셔츠 12벌   빨간색 티셔츠 16벌

치마 11벌   바지 18벌

☐ + ☐ = ☐ (벌)

2-3

책장 윗칸에 있는 책은 모두 몇 권인지 구하고,
☐ 안에 알맞은 수를 써넣으세요.

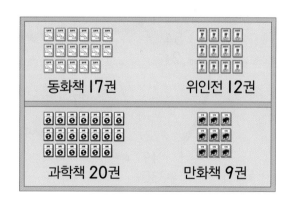

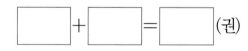
동화책 17권   위인전 12권

과학책 20권   만화책 9권

☐ + ☐ = ☐ (권)

17에 10을 더하고 ☐ 을/를 더하여
계산합니다.

수해력을 확장해요

당근을 찾아 줘!

활동 1 배고픈 토끼가 길을 가고 있습니다.
덧셈과 뺄셈을 해서 계산 결과가 큰 쪽으로 길을 따라가면 맛있는 당근밭에 도착할 수 있어요. 배고픈 토끼가 맛있는 당근을 먹을 수 있게 도와주세요.

활동 2 토끼가 당근밭을 찾을 수 있게 잘 도와줬나요?
당근밭에 도착한 토끼는 친구들과 나누어 먹으려고 열심히 당근을 뽑았습니다.
친구들이 원하는 개수만큼 당근을 색칠해 보세요.

나에게 (12+2)개
만큼 나눠 주겠니?

난 (27-14)개만큼
먹고 싶어.

난 (87-75)개만큼
먹을 수 있어.

05 단원

세 수의 덧셈과 뺄셈

 이번 5단원에서는
세 수의 덧셈과 뺄셈을 배우고, 10이 되는 더하기와 10에서 빼기,
10을 만들어 더하고 빼기의 계산 원리와 계산 방법에 대해 배울 거예요.

1. 세 수의 덧셈과 뺄셈

개념 1 세 수의 덧셈을 해 볼까요

알고 있어요!

$2+3=5$

공원에서 놀고 있는 동물은 모두 5마리예요.

고양이 4마리가 더 오면 모두 몇 마리가 될까요?

알고 싶어요!

세 수는 어떻게 더할까요?

공원에서 놀고 있는 동물은 모두 몇 마리인가요?

토끼와 강아지의 수는 모두 5마리예요.

토끼와 강아지 수의 합에 고양이 수를 더하면 돼요. $5+4=9$(마리)예요.

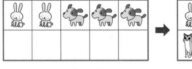

$2+3=5$ $5+4=9$

$$2+3+4=9$$

$2+3+4=9$

두 가지 모두 9가 나왔어요.

세 수의 덧셈은 순서를 바꿔서 더해도 돼요.

세 수의 덧셈 계산 → 앞의 두 수 먼저 더하기 → 나머지 수 더하기

💡 세 수의 덧셈은 앞의 두 수를 먼저 더하고 나머지 수를 더해서 계산합니다.

[2+3+4 계산하기]

$2+3+4=9$

$$
\begin{array}{r}
2 \\
+\ 3 \\
\hline
5
\end{array}
\qquad
\begin{array}{r}
5 \\
+\ 4 \\
\hline
9
\end{array}
$$

$2+3+4=9$

개념 2 세 수의 뺄셈을 해 볼까요

알고 있어요!

$$5-2=3$$

전깃줄에 남아 있는 참새는 3마리예요.

참새 한 마리가 더 날아가면 몇 마리가 남을까요?

알고 싶어요!

세 수는 어떻게 뺄까요?

전깃줄에 남아 있는 참새는 모두 몇 마리인가요?

처음에 날아간 참새가 2마리이므로 5-2=3(마리)가 남았어요.

두 번째로 참새 한 마리가 더 날아갔으니까 3-1=2(마리)가 남았어요.

$$5-2-1=2$$

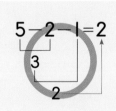

$$5-2-1=2$$
$$3$$
$$2$$

$$5-2-1=4$$
$$1$$
$$4$$

세 수의 뺄셈은 계산 순서를 바꾸어 계산하면 안돼요.

세 수의 뺄셈 계산 ➡ 앞의 두 수 먼저 빼기 ➡ 나머지 수 빼기

💡 세 수의 뺄셈은 앞의 두 수를 먼저 빼고 나머지 수를 빼서 계산합니다.

[5-2-1 계산하기]

$$5-2-1=2$$
$$3$$
$$2$$

$$\begin{array}{r} 5 \\ -\ 2 \\ \hline 3 \end{array} \quad \begin{array}{r} 3 \\ -\ 1 \\ \hline 2 \end{array}$$

$$5-2-1=2$$

앞에서부터 차례차례 계산해요.

• 세 수의 덧셈

$4+2+2=$ 8

6

8

+	4
	2
	6

6

+	2
	8

01~08 □ 안에 알맞은 수를 써넣으세요.

01

$1+3+5=$ □

+	1
	3

+	5

02

$2+4+3=$ □

+	2
	4

+	3

03

$3+3+1=$ □

+	3
	3

+	1

04

$5+2+1=$ □

+	5
	2

+	1

05

$5+1+3=$ □

+	5
	1

+	3

06

$6+1+1=$ □

+	6
	1

+	1

07

$6+1+2=$ □

+	6
	1

+	2

08

$7+1+1=$ □

+	7
	1

+	1

• 세 수의 뺄셈

$$5-2-1=\boxed{2}$$

$$\boxed{3}$$
$$\boxed{2}$$

$$\begin{array}{r} 5 \\ -\ 2 \\ \hline \boxed{3} \end{array} \to \begin{array}{r} \boxed{3} \\ -\ 1 \\ \hline \boxed{2} \end{array}$$

09~16 ☐ 안에 알맞은 수를 써넣으세요.

09

$$4-1-2=\boxed{}$$

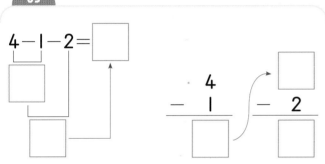

10

$$6-3-1=\boxed{}$$

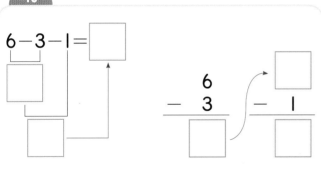

11

$$7-2-3=\boxed{}$$

12

$$8-2-1=\boxed{}$$

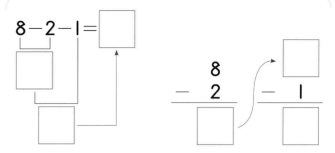

13

$$9-5-2=\boxed{}$$

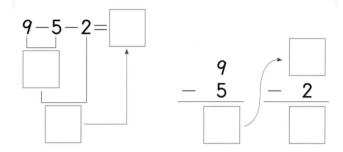

14

$$9-3-3=\boxed{}$$

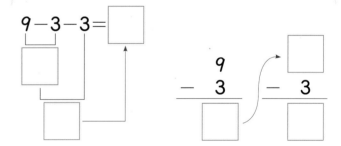

15

$$8-3-2=\boxed{}$$

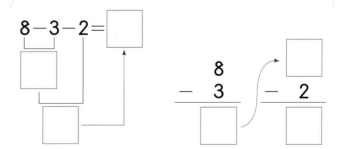

16

$$7-4-2=\boxed{}$$

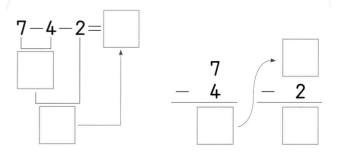

01 그림을 보고 □ 안에 알맞은 수를 써넣으세요.

$$2 + \boxed{} + \boxed{} = \boxed{}$$

02 그림에 알맞은 식을 만들고 계산해 보세요.

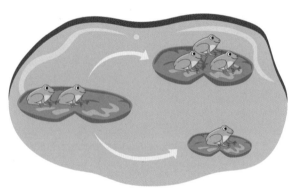

$$6 - 3 - \boxed{} = \boxed{}$$

03 계산해 보세요.

(1) $2+5+1=$ $\boxed{}$

(2) $9-2-4=$ $\boxed{}$

04 계산 결과가 더 큰 쪽에 색칠해 보세요.

$$8-5-1 \qquad 9-4-2$$

05 계산 결과가 6이 되는 식에 ○표 하세요.

$$8-1-3 \qquad 9-2-2 \qquad 3+1+2$$

(   )   (   )   (   )

06 계산 결과를 찾아 선으로 이어 보세요.

$4+2+1$ ·   · $\boxed{1}$

$6-2-3$ ·   · $\boxed{3}$

$8-3-2$ ·   · $\boxed{7}$

07 빈칸에 알맞은 수를 써넣으세요.

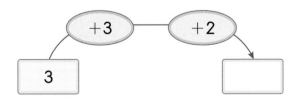

08 뺄셈식을 바르게 계산한 사람은 누구인가요?

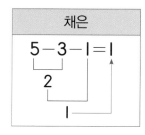

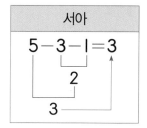

( )

09 토끼 모양 솜사탕이 3개, 병아리 모양 솜사탕이 5개, 판다 모양 솜사탕이 1개 있습니다. 솜사탕은 모두 몇 개인가요?

( )

10 9개의 달걀에서 어제는 3마리의 병아리가 나왔고, 오늘은 4마리의 병아리가 나왔습니다. 아직 병아리가 나오지 않은 달걀은 몇 개인가요?

( )

11 실생활 활용

엘리베이터에 7명이 타고 있었습니다. 3명은 3층에서 내리고, 2명은 2층에서 내렸습니다. 엘리베이터에 남은 사람은 몇 명인가요?

( )

12 교과 융합

우진, 수호, 진우가 추석에 우리나라 전통놀이인 투호놀이를 했습니다. 세 친구가 넣은 투호는 모두 몇 개인가요?

( )

대표 응용
1 알맞은 수 카드 고르기

4명의 친구들 중 3명의 친구들이 갖고 있는 수 카드를 모아 6을 만들려고 합니다. 어떤 친구의 수 카드를 모으면 될까요?

1	2	3	4
채은	서영	하은	유영

해결하기

`1단계` 더해서 6을 만들 수 있는 수 카드 3장은

[ ], [ ], [ ] 입니다.

`2단계` 따라서 수 카드를 모아야 하는 친구는

[ ], [ ], [ ] 입니다.

1-1

4명의 친구들 중 3명의 친구들이 갖고 있는 수 카드를 모아 8을 만들려고 합니다. 어떤 친구의 수 카드를 모으면 될까요?

1	3	4	5
지후	시현	연아	윤호

( ), ( ), ( )

1-2

4명의 친구들 중 3명의 친구들이 갖고 있는 수 카드를 모아 9를 만들려고 합니다. 어떤 친구의 수 카드를 모으면 될까요?

1	2	3	4
연담	다은	시윤	서원

( ), ( ), ( )

1-3

4명의 친구들 중 3명의 친구들이 갖고 있는 수 카드를 모아 7을 만들려고 합니다. 어떤 친구의 수 카드를 모으면 될까요?

1	2	3	4
예원	이한	시아	유진

( ), ( ), ( )

1-4

4명의 친구들 중 3명의 친구들이 갖고 있는 수 카드를 모아 9를 만들려고 합니다. 어떤 친구의 수 카드를 모으면 될까요?

1	3	5	8
예서	연우	시영	지은

( ), ( ), ( )

대표 응용 2 계산 결과의 합 또는 차 구하기

두 뺄셈식의 차를 구해 보세요.

| $7-1-5$ | $6-1-2$ |

해결하기

1단계 $7-1-5=\boxed{}$

2단계 $6-1-2=\boxed{}$

3단계 따라서 두 뺄셈식의 차는

$\boxed{}-\boxed{}=\boxed{}$ 입니다.

2-1

두 뺄셈식의 차를 구해 보세요.

| $5-1-1$ | $7-1-2$ |

(   )

2-2

두 뺄셈식의 차를 구해 보세요.

| $7-2-1$ | $8-1-2$ |

(   )

2-3

두 뺄셈식의 합을 구해 보세요.

| $5-2-2$ | $6-2-2$ |

(   )

2-4

두 뺄셈식의 합을 구해 보세요.

| $7-1-5$ | $6-1-2$ |

(   )

개념 1 10이 되는 더하기를 해 볼까요

알고 있어요!

6	4

↓

| 10 |

노랑 나비 6마리와 분홍 나비 4마리를 모으기 하면 10마리가 돼요.

알고 싶어요!

6과 더해서 10이 되는 수

나비가 6마리 있는데 10마리가 되려면 몇 마리가 더 있어야 할까요?

나비 4마리를 더 그려 주면 나비 10마리가 돼요.

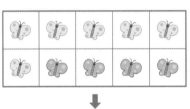

↓

| 6+4=10 |

8과 더해서 10이 되는 수

○ 2개를 더 그리면 10이 되니까 8과 더해서 10이 되는 수는 2예요.
8+2=10

10 모으기	→	10이 되는 더하기	→	10을 만들어 더하기

[10이 되는 더하기]

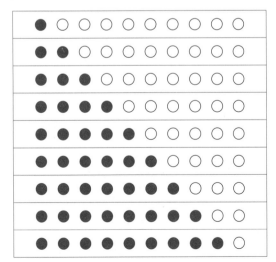

1+9=10
2+8=10
3+7=10
4+6=10
5+5=10
6+4=10
7+3=10
8+2=10
9+1=10

모으기 하여 10을 만들 수 있는 수를 알고 있으면 10이 되는 더하기를 쉽게 할 수 있어요.

개념 **2** 10에서 빼 볼까요

알고 있어요!

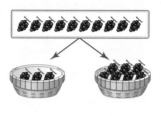

포도 10송이를 3송이
와 7송이로 가르기
했어요.

알고 싶어요!

포도 10송이 중에 3송이를
친구에게 주면 몇 송이가
남을까요?

남은 포도는
7송이예요.

10-3=7
이에요.

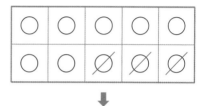

$$10-3=7$$

10-7

10에서 7을 빼면
3이 남아요.
10-7=3

| 10 가르기 | ➡ | 10에서 빼기 | ➡ | (십몇)-(몇) |

[10에서 빼기]

	$10-1=9$
	$10-2=8$
	$10-3=7$
	$10-4=6$
	$10-5=5$
	$10-6=4$
	$10-7=3$
	$10-8=2$
	$10-9=1$

10을 가르기 하여 만
들 수 있는 수를 알고 있
으면 10에서 빼기를 쉽
게 할 수 있어요.

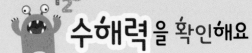

수해력을 확인해요

• 10이 되는 더하기

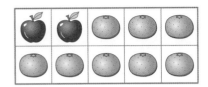

$2 + 8 = 10$

01~08 그림을 보고 □ 안에 알맞은 수를 써넣으세요.

01

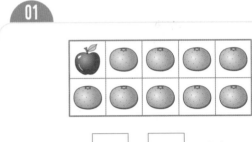

$\square + \square = 10$

02

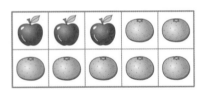

$\square + \square = 10$

03

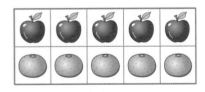

$\square + \square = 10$

04

$\square + \square = 10$

05

$\square + \square = 10$

06

$\square + \square = 10$

07

$\square + \square = 10$

08

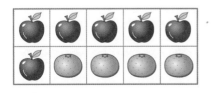

$\square + \square = 10$

• 10에서 빼기

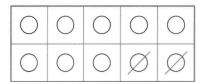

$$10 - 2 = 8$$

13

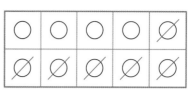

$$\boxed{} - \boxed{} = \boxed{}$$

09~16 그림을 보고 □ 안에 알맞은 수를 써넣으세요.

09

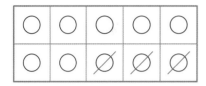

$$\boxed{} - \boxed{} = \boxed{}$$

14

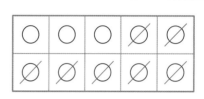

$$\boxed{} - \boxed{} = \boxed{}$$

10

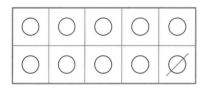

$$\boxed{} - \boxed{} = \boxed{}$$

11

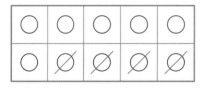

$$\boxed{} - \boxed{} = \boxed{}$$

15

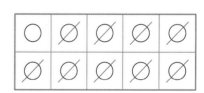

$$\boxed{} - \boxed{} = \boxed{}$$

12

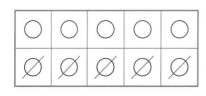

$$\boxed{} - \boxed{} = \boxed{}$$

16

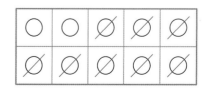

$$\boxed{} - \boxed{} = \boxed{}$$

수해력을 높여요

01 그림을 보고 □ 안에 알맞은 수를 써넣으세요.

$$\boxed{} + \boxed{} = 10$$

02 그림을 보고 □ 안에 알맞은 수를 써넣으세요.

$$10 - \boxed{} = \boxed{}$$

03 □ 안에 알맞은 수를 써넣으세요.

(1) $3 + 7 = \boxed{}$

(2) $6 + \boxed{} = 10$

04 뺄셈을 해 보세요.

(1) $10 - 1 = \boxed{}$

(2) $10 - 7 = \boxed{}$

05 펼친 손가락의 합이 10이 되는 것끼리 선으로 이어 보세요.

 · ·

 · ·

 · ·

06 합을 비교하여 ○ 안에 >, =, <를 알맞게 써넣으세요.

$$\boxed{1+9} \quad \bigcirc \quad \boxed{7+3}$$

07 □ 안에 알맞은 수를 써넣으세요.

$$8 + \boxed{} = 10$$

08 주사위 눈의 수의 합이 10이 되는 것끼리 색칠
해 보세요.

09 다람쥐가 밤 8개를 주웠습니다. 밤 2개를 더 줍
는다면 다람쥐가 주운 밤은 모두 몇 개인가요?

(   )

10 딸기가 10개 있습니다. 주현이가 딸기를 4개
먹으면 남은 딸기는 몇 개인가요?

(   )

11 실생활 활용 |||||||||||||||||||||||||||

놀이공원에 10명이 타면 출발하는 기차가 있습
니다. 기차에 친구들 6명이 타고 있다면 몇 명
이 더 타야 기차가 출발할지 구해 보세요.

(   )

12 교과 융합 ||||||||||||||||||||||||||||||||||

우리나라 꽃은 무궁화입니다. 어제는 무궁화가
3송이 피어 있었는데, 오늘 몇 송이 더 피었더
니 10송이가 되었습니다. 오늘 핀 무궁화는 몇
송이인가요?

(   )

대표 응용
1 계산 결과 순서대로 나타내기

계산 결과가 큰 것부터 순서대로 기호를 써 보세요.

| ㉠ 10-1 | ㉡ 10-3 | ㉢ 10-2 |

해결하기

1단계 ㉠ 10-1 = ☐

㉡ 10-3 = ☐

㉢ 10-2 = ☐

2단계 계산 결과의 크기를 비교하면

☐ > ☐ > ☐ 입니다.

3단계 따라서 계산 결과가 큰 것부터 순서대로 기호를 쓰면 ☐ , ☐ , ☐ 입니다.

1-1

계산 결과가 큰 것부터 순서대로 기호를 써 보세요.

| ㉠ 10-6 | ㉡ 10-2 | ㉢ 10-4 |

(   )

1-2

계산 결과가 큰 것부터 순서대로 기호를 써 보세요.

| ㉠ 10-1 | ㉡ 10-3 | ㉢ 10-5 |

(   )

1-3

계산 결과가 작은 것부터 순서대로 기호를 써 보세요.

| ㉠ 10-7 | ㉡ 10-9 | ㉢ 10-2 |

(   )

1-4

계산 결과가 작은 것부터 순서대로 기호를 써 보세요.

| ㉠ 10-8 | ㉡ 10-6 |
| ㉢ 10-2 | ㉣ 10-5 |

(   )

대표 응용
2 **덧셈식, 뺄셈식에서 모르는 수 구하기**

●＋♥의 값을 구해 보세요.

> ・$10-●=5$
> ・$♥+6=10$

해결하기

1단계 $10-●=5$이므로 ●=☐입니다.

2단계 $♥+6=10$이므로 ♥=☐입니다.

3단계 따라서 ●＋♥=☐입니다.

2-1

●＋♥의 값을 구해 보세요.

> ・$10-●=6$
> ・$♥+8=10$

( )

2-2

★＋♣의 값을 구해 보세요.

> ・$★+9=10$
> ・$7+♣=10$

( )

2-3

☺, 🌼의 값을 각각 구해 보세요.

> ・$10-☺=4$
> ・$10-🌼=2$

☺ ( )

🌼 ( )

2-4

●－▲의 값을 구해 보세요.

> ・$●+5=10$
> ・$10-▲=7$

( )

개념 1 10을 만들어 더해 볼까요(1)

알고 있어요!

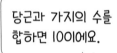

$$4+6=10$$

당근과 가지의 수를 합하면 10이에요.

오이 3개가 더 있으면 모두 몇 개가 될까요?

알고 싶어요!

4+6+3의 계산

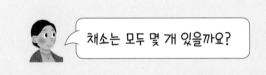

채소는 모두 몇 개 있을까요?

당근과 가지의 수를 합하면 모두 10개입니다.

당근과 가지의 수의 합에 오이 수를 더하면 돼요. 10+3=13(개)입니다.

더해서 10이 되는 두 수

1, 9	9, 1
2, 8	8, 2
3, 7	7, 3
4, 6	6, 4
5, 5	

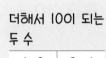

$$\underset{10}{\underbrace{4+6}}+3=13$$

10 만들어 더하기	→	두 수를 더해서 10 만들기	→	나머지 수 더하기

💡 10 만들어 더하는 방법은 10이 되는 두 수를 더한 뒤 나머지 수를 더해서 계산합니다.

[4+6+3의 계산 방법]

$$4+6+3=13$$

▶ 앞의 두 수를 더해 10을 만듭니다.
▶ 10을 만든 뒤 나머지 수인 3을 더합니다.

더해서 10이 되는 두 수를 찾으면 쉽게 계산할 수 있어요.

개념 2 10을 만들어 더해 볼까요(2)

알고 있어요!

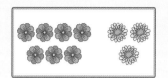

$$7+3=10$$

빨간 꽃과 노란 꽃의
수를 합하면 10이에요.

알고 싶어요!

2+7+3의 계산

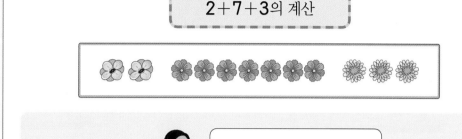

꽃은 모두 몇 송이 있을까요?

앞에서부터 차례차례
더해요.

뒤의 두 수를 먼저
더해서 10을 만들어요.

파란 꽃과 빨간 꽃의 수를 더하면
9송이니까 노란 꽃까지 더하면
10, 11, 12이므로 12송이예요.

빨간 꽃과 노란 꽃의 수를
더하면 10송이예요.
2+10=12니까 12송이예요.

$$2+⑦+3=12$$
$$10$$

10 만들어
더하기 → 두 수를 더해서
10 만들기 → 나머지 수
더하기

💡 10 만들어 더하는 방법은 10이 되는 두 수를 더한 뒤 나머지 수를 더해서 계산합니다.

[2+7+3의 계산 방법]

$$2+7+3=12$$

10
12

▶ 뒤의 두 수를 더해 10을 만듭니다.
▶ 10을 만든 뒤 나머지 수인 2를 더합니다.

더해서 10이 되는 두 수를
찾으면 쉽게 계산할 수
있어요.

개념3 (몇)+(몇)=(십몇)을 해 볼까요

8+3의 계산

물고기가 모두
(8+2+1)마리만큼
있어요.

$$8+2+1=11$$

10

11

$$8+2+1=11$$

물고기가 모두 몇 마리
있을까요?

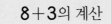

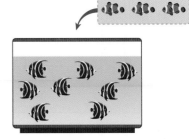

왼쪽 ○ 8개와
오른쪽 ○ 2개를
모아 10을 만들었어요.

오른쪽에 남은 ○ 1개를
더해 주면 11이에요.
물고기는 11마리 있어요.

3+8 계산하기

$$3+8=11$$

1 2

8+3과 3+8의
계산 결과가 같아요.
3+8=8+3

$$8+3 \ = \ \frac{8+2+1}{10} \ = \ 11$$

(몇)+(몇)
=(십몇) → 가르기 하여 덧셈식에서
10 만들기 → 나머지 수
더하기

💡 (몇)+(몇)=(십몇)의 계산은 10 만들어 더하는 방법을 이용합니다.

[8+3의 계산 방법]

$$8+3=11$$

2 1

▶ 3을 2와 1로 가르기 합니다.
▶ 8과 2를 더해 10을 만든 뒤 나머지
수인 1을 더하면 11이 됩니다.

$$8+3=11$$

1 7

8을 가르기 하여 3과 7을
더해 10을 만들 수도 있어요.

개념 4 (십몇)−(몇)=(몇)을 해 볼까요

알고 있어요!

$$10-5=5$$

주스 10컵에서 5컵을
마시면 5컵이 남아요.

주스가 12컵이 있었다면?

알고 싶어요!

12−5의 계산

남은 주스는 모두 몇
컵인가요?

12에서 먼저 2를
빼서 10을 만들었어요.

남은 10에서 3을 더
빼 주면 7이 돼요.
남은 주스는 7컵이에요.

$$12-5 \quad = \quad \frac{12-2-3}{10} \quad = \quad 7$$

(십몇)−(몇)
=(몇) ➡ 가르기 해서 뺄셈식에서
10 만들기 ➡ 나머지 수
빼기

💡 (십몇)−(몇)=(몇)의 계산은 10에서 빼는 방법을 이용합니다.

[12−5의 계산 방법]

$$12-5=7$$
    2   3

▶ 5를 2와 3으로 가르기 합니다.

▶ 12에서 2를 빼서 10을 만든 뒤 나머지
수인 3을 빼면 7이 됩니다.

12−5=7
  10 2

12를 가르기 하여 10에서
5를 빼고 남은 5는 2와
더해서 구할 수도 있어요.

수해력을 확인해요

01~08 덧셈을 해 보세요.

01
(1) $2+8=$ ☐

(2) $2+8+4=$ ☐

02
(1) $3+7=$ ☐

(2) $3+7+1=$ ☐

03
(1) $5+5=$ ☐

(2) $5+5+8=$ ☐

04
(1) $6+4=$ ☐

(2) $9+6+4=$ ☐

05
(1) $7+3=$ ☐

(2) $6+7+3=$ ☐

06
(1) $8+2=$ ☐

(2) $1+8+2=$ ☐

07
(1) $9+1=$ ☐

(2) $4+9+1=$ ☐

08
(1) $5+5=$ ☐

(2) $2+5+5=$ ☐

• 10이 되는 더하기

$$8 + \boxed{2} = 10$$

• (몇)+(몇)=(십몇)

$$8 + 6 = \boxed{14}$$

$\boxed{2}$ 4

• 10에서 빼기

$$10 - 1 = \boxed{9}$$

• (십몇)-(몇)=(몇)

$$13 - 4 = \boxed{9}$$

$\boxed{3}$ I

09~12 덧셈을 해 보세요.

13~16 뺄셈을 해 보세요.

09

(1) $9 + \boxed{} = 10$

(2) $9 + 5 = \boxed{}$
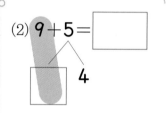
$\boxed{}$ 4

13

(1) $10 - 4 = \boxed{}$

(2) $14 - 8 = \boxed{}$
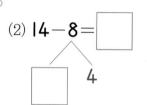
$\boxed{}$ 4

10

(1) $6 + \boxed{} = 10$

(2) $6 + 5 = \boxed{}$
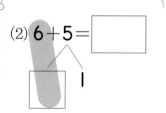
$\boxed{}$ I

14

(1) $10 - 3 = \boxed{}$

(2) $16 - 9 = \boxed{}$
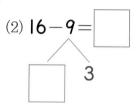
$\boxed{}$ 3

11

(1) $\boxed{} + 9 = 10$

(2) $7 + 9 = \boxed{}$
6 $\boxed{}$

15

(1) $10 - 8 = \boxed{}$

(2) $15 - 8 = \boxed{}$
10 $\boxed{}$

12

(1) $\boxed{} + 7 = 10$

(2) $4 + 7 = \boxed{}$
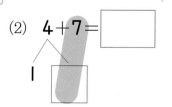
I $\boxed{}$

16

(1) $10 - 3 = \boxed{}$

(2) $11 - 3 = \boxed{}$
10 $\boxed{}$

01 그림을 보고 □ 안에 알맞은 수를 써넣으세요.

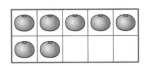

$$2+8+7=\boxed{}$$

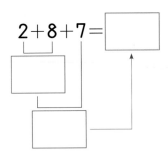

02 더해서 10이 되는 두 수에 색칠하고, 세 수의 합을 구해 보세요.

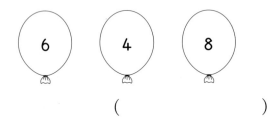

6   4   8

(   )

03 계산해 보세요.

(1) $3+7+5=\boxed{}$

(2) $6+9+1=\boxed{}$

04 합이 같은 것끼리 선으로 이어 보세요.

$5+6+4$ ·

$5+5+2$ ·

$7+3+3$ ·

· $10+2$

· $10+3$

· $5+10$

05 □ 안에 알맞은 수를 써넣으세요.

(1)　　$5+8=\boxed{}$

　　3　　$\boxed{}$

(2) $17-8=\boxed{}$

　$\boxed{}$　　1

06 계산해 보세요.

(1) $8+3=\boxed{}$

(2) $14-8=\boxed{}$

07 계산 결과를 비교하여 ○ 안에 >, =, <를 알맞게 써넣으세요.

$$4+9 \bigcirc 6+7$$

08 바르게 계산한 친구는 누구인가요?

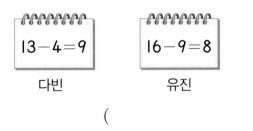

13−4=9	16−9=8
다빈	유진

( )

09 토끼 농장에 흰 토끼 6마리, 갈색 토끼 7마리, 검정 토끼 4마리가 있습니다. 토끼는 모두 몇 마리인가요?

( )

10 지민, 승민, 은서가 제기차기를 연습하고 있습니다. 가장 많이 성공한 친구는 누구인가요?

지민: 난 3번 연습해서 5번, 7번, 3번 성공했어.

승민: 난 2번 연습했는데 8번, 8번 성공했어.

은서: 난 4번, 9번 성공했어.

( )

11 실생활 활용

유빈이는 딸기 따기 체험에 참여해서 딸기 18개를 땄습니다. 이 중 몇 개를 먹었더니 9개가 남았습니다. 유빈이가 먹은 딸기는 몇 개인가요?

( )

12 교과 융합

겨울잠을 자는 다람쥐는 날씨가 추워지기 전에 열심히 먹이를 모아 둡니다. 다람쥐가 어제는 6개의 도토리를 모았고, 오늘은 8개의 도토리를 모았다면 다람쥐가 모은 도토리는 모두 몇 개인가요?

( )

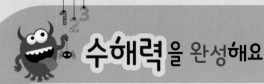

대표 응용 1 수 카드에 적힌 수 알아보기

수 카드 한 장에 얼룩이 묻어 수가 보이지 않습니다. 수 카드 3장의 합이 15라면 얼룩이 묻은 수 카드에는 어떤 수가 있을까요?

해결하기

1단계 두 수의 합을 구합니다.

$7+3=$ ☐

2단계 두 수의 합인 ☐ 와/과 얼룩이 묻은 수 카드의 합은 ☐ 입니다.

3단계 따라서 얼룩이 묻은 수 카드에 있는 수는 ☐ 입니다.

1-1

수 카드 한 장에 얼룩이 묻어 수가 보이지 않습니다. 수 카드 3장의 합이 16이라면 얼룩이 묻은 수 카드에는 어떤 수가 있을까요?

( )

1-2

수 카드 한 장에 얼룩이 묻어 수가 보이지 않습니다. 수 카드 3장의 합이 17이라면 얼룩이 묻은 수 카드에는 어떤 수가 있을까요?

2 8

( )

1-3

수 카드 한 장에 얼룩이 묻어 수가 보이지 않습니다. 수 카드 3장의 합이 18이라면 얼룩이 묻은 수 카드에는 어떤 수가 있을까요?

5 5

( )

1-4

수 카드 한 장에 얼룩이 묻어 수가 보이지 않습니다. 수 카드 3장의 합이 13이라면 얼룩이 묻은 수 카드에는 어떤 수가 있을까요?

3   6

( )

대표 응용 2 계산 결과의 크기 비교하기

계산 결과가 가장 큰 식은 노란색으로, 가장 작은 식은 빨간색으로 칠해 보세요.

| 6+7 | 8+3 | 5+9 |

해결하기

1단계 6+7=☐

8+3=☐

5+9=☐

2단계 계산 결과를 비교해 보면

☐ > ☐ > ☐ 입니다.

3단계 따라서 노란색으로 칠해야 하는 식은 ☐+☐ 이고, 빨간색으로 칠해야 하는 식은 ☐+☐ 입니다.

2-1

계산 결과가 가장 큰 식은 노란색으로, 가장 작은 식은 빨간색으로 칠해 보세요.

| 7+8 | 3+9 | 6+5 |

2-2

계산 결과가 가장 큰 식은 노란색으로, 가장 작은 식은 빨간색으로 칠해 보세요.

| 12-5 | 17-9 | 11-7 |

2-3

계산 결과가 가장 큰 식은 노란색으로, 가장 작은 식은 빨간색으로 칠해 보세요.

| 11-5 | 13-6 | 14-9 |

2-4

계산 결과가 가장 큰 식은 노란색으로, 가장 작은 식은 빨간색으로 칠해 보세요.

| 16-8 | 13-9 | 12-6 |

수해력을 확장해요

⚠ [부록]의 자료를 사용하세요.

달걀 10개를 모아 볼까요!

냉장고에 달걀이 **3**개밖에 없네요.
달걀 **10**개를 더 구해서 냉장고에 넣으려고 합니다.
가족이나 친구들과 게임을 하고 달걀 **10**개를 모아서 냉장고에 넣어 볼까요?

활동 1 부록에 있는 카드 10장을 잘라서 준비합니다.

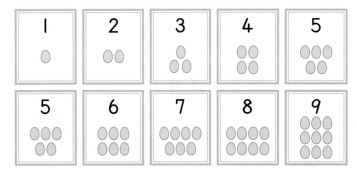

활동 2 카드 10장을 잘 섞은 다음 가운데에 각각 뒤집어 놓습니다.

활동 3 서로 돌아가면서 자기 차례에 카드 두 장을 뒤집습니다.

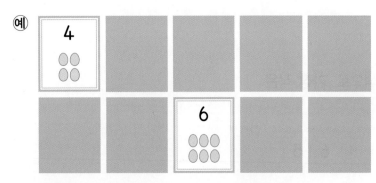

활동 4 뒤집은 카드 두 장에 있는 달걀의 수를 합해서 10이 되면 카드를 가져갈 수 있습니다.
10이 되지 않으면 다시 카드를 뒤집어 놓습니다.

활동 5 10장의 카드가 모두 없어지면 게임이 끝납니다.
가장 많은 카드를 가져간 친구가 승리합니다.

초등 수·연산

다음 학년 수학이 쉬워지는

초등 수해력

1 단계

| 초등 1학년 권장 |

정답과 풀이

9까지의 수

1. 1부터 9까지의 수

13쪽

🦀 수해력을 확인해요

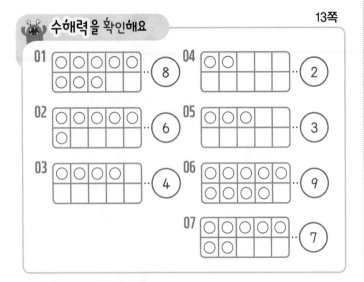

01 8
02 6
03 4
04 2
05 3
06 9
07 7

👹 수해력을 높여요

14~15쪽

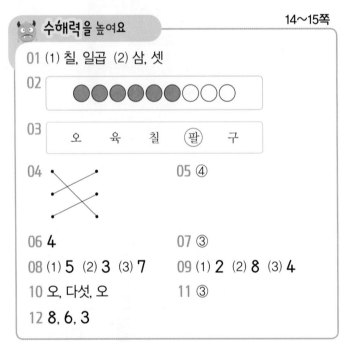

01 (1) 칠, 일곱 (2) 삼, 셋
02 ●●●●●●●○○○
03 오 육 칠 ⑧팔 구
04 (교차선)   05 ④
06 4   07 ③
08 (1) 5 (2) 3 (3) 7   09 (1) 2 (2) 8 (3) 4
10 오, 다섯, 오   11 ③
12 8, 6, 3

01 (1) **7**은 칠 또는 일곱으로 읽습니다.
　　(2) **3**은 삼 또는 셋으로 읽습니다.

02 딸기의 수는 **6**이므로 ○ 6개에 색칠합니다.

03 연필의 수는 **8**이므로 팔에 ○표 합니다.

04 아이스크림의 수는 여섯, 도넛의 수는 아홉, 햄버거의 수는 넷입니다.

05 ① 여섯 → **6**
　 ② 팔 → **8**
　 ③ 이 → **2**
　 ④ 일곱 → **7**
　 ⑤ 사 → **4**
　 따라서 **7**과 관계있는 것은 ④입니다.

06 손가락 넷을 펴고 있으므로 나타내는 수는 **4**입니다.

07 ① **1**은 일 또는 하나, ② **3**은 삼 또는 셋,
　 ③ **5**는 오 또는 다섯, ④ **4**는 사 또는 넷,
　 ⑤ **9**는 구 또는 아홉으로 읽습니다.
　 따라서 ③ **5** — 육은 잘못 읽었습니다.

08 (1) 사과의 수는 다섯이므로 **5**입니다.
　 (2) 축구공의 수는 셋이므로 **3**입니다.
　 (3) 자전거의 수는 일곱이므로 **7**입니다.

09 (1) 사람의 다리는 두 개이므로 **2**입니다.
　 (2) 문어의 다리는 여덟 개이므로 **8**입니다.
　 (3) 호랑이의 다리는 네 개이므로 **4**입니다.

10 (1) **5**층은 오 층으로 읽습니다.
　 (2) **5**개는 다섯 개로 읽습니다.
　 (3) **5**반은 오 반으로 읽습니다.

11 휴대 전화 번호를 읽을 때 **2986**은 이구팔육으로 읽습니다.

> **해설 플러스 👑**
>
> 수는 두 가지 방법으로 읽을 수 있습니다. 한자어로 읽는 방법은 "일, 이, 삼, 사, …"로 시작되는 방법이고, 고유어로 읽는 방법은 "하나, 둘, 셋, 넷, …"으로 시작되는 방법입니다. 휴대전화 번호를 읽을 때는 일반적으로 한자어로 읽는 방법을 사용합니다.

12 🐟🐟의 수는 여덟이므로 **8**, 🐟🐟의 수는 여섯이므로 **6**, 🦐의 수는 셋이므로 **3**입니다.

수해력을 완성해요

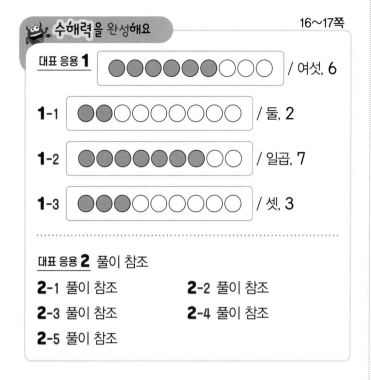

대표 응용 1 / 여섯, 6

1-1 / 둘, 2

1-2 / 일곱, 7

1-3 / 셋, 3

대표 응용 2 풀이 참조

2-1 풀이 참조   **2-2** 풀이 참조

2-3 풀이 참조   **2-4** 풀이 참조

2-5 풀이 참조

1-1 케이크의 수는 둘이므로 ○ 2개에 색칠합니다.
둘은 2입니다.

1-2 아이스크림의 수는 일곱이므로 ○ 7개에 색칠합니다.
일곱은 7입니다.

1-3 도넛의 수는 셋이므로 ○ 3개에 색칠합니다.
셋은 3입니다.

2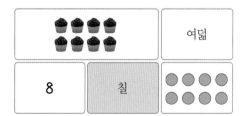

입니다. 따라서 나타내는 수가 다른 것은 칠입니다.

	여덟
8	칠	

2-1 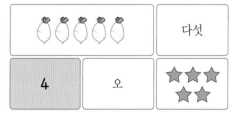 —5, 다섯—5, 오—5,

—5입니다.

따라서 나타내는 수가 다른 것은 4입니다.

	다섯
4	오	

2-2 —3, 삼—3, 셋—3,
♣♣♣♣—4입니다.

따라서 나타내는 수가 다른 것은 ♣♣♣♣입니다.

	삼
3	셋	♣♣♣♣

2-3 —9, 구—9, 여섯—6,
—9입니다.

따라서 나타내는 수가 다른 것은 여섯입니다.

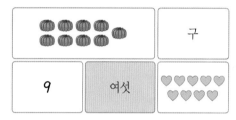

	구
9	여섯	

2-4 —4, 일—1, 넷—4, —4입니다.

따라서 나타내는 수가 다른 것은 일입니다.

	일
4	넷	

2-5 —5, 여섯—6, 육—6, —6입니다.

따라서 나타내는 수가 다른 것은 입니다.

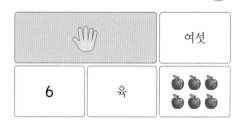

	여섯
6	육	

2. 수의 순서

21쪽

수해력을 확인해요

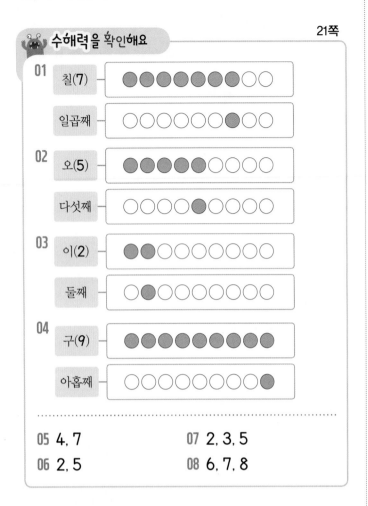

01 칠(7)
일곱째

02 오(5)
다섯째

03 이(2)
둘째

04 구(9)
아홉째

05 4, 7
06 2, 5
07 2, 3, 5
08 6, 7, 8

수해력을 높여요

22~23쪽

01 2, 5

02 (1)
여섯
여섯째

(2)
이
둘째

여섯
여섯째

이
둘째

03 풀이 참조

04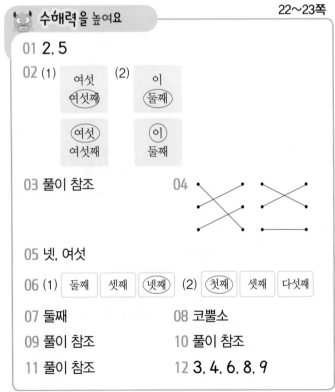

05 넷, 여섯

06 (1) 둘째 셋째 넷째 (2) 첫째 셋째 다섯째

07 둘째
08 코뿔소
09 풀이 참조
10 풀이 참조
11 풀이 참조
12 3, 4, 6, 8, 9

01 1, 2, 3, 4, 5의 순서대로 씁니다.

---

03 1, 2, 3, 4, 5, 6, 7, 8, 9의 순서대로 잇습니다.

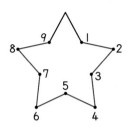

04 해설 나침반

숫자 0은 '아무것도 없다'는 의미 외에도 빈자리를 나타내거나 시작점, 기준점을 나타내는 의미로 사용됩니다.

05

	위	
첫째		아홉째
둘째		여덟째
셋째		일곱째
넷째		여섯째
다섯째		다섯째
여섯째		넷째
일곱째		셋째
여덟째		둘째
아홉째		첫째
	아래	

▨은 위에서 넷째, 아래에서 여섯째에 있습니다.

06 (1) 왼쪽 [이미지] 오른쪽

자전거는 왼쪽에서 넷째에 있습니다.

(2) 왼쪽 [이미지] 오른쪽

팬플루트은 오른쪽에서 첫째에 있습니다.

07 원숭이는 아래에서 둘째에 있습니다.

08 위에서 둘째에 있는 동물은 코뿔소입니다.

09

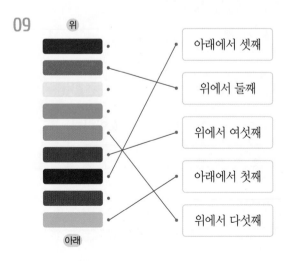

10 하나─**1**, 둘─**2**, 셋─**3**, 넷─**4**, 다섯─**5**, 여섯─**6**, 일곱─**7**, 여덟─**8**, 아홉─**9**의 순서대로 선을 잇습니다.

11 **1**, **2**, **3**, **4**, **5**, **6**, **7**, **8**, **9**의 순서대로 글자를 씁니다.

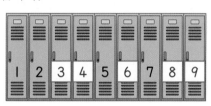

12 **1**, **2**, **3**, **4**, **5**, **6**, **7**, **8**, **9**의 순서대로 사물함에 나타냅니다.

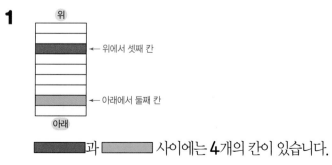

수해력을 완성해요   24~25쪽

대표 응용 **1** 풀이 참조, 4

1-1 2   **1**-2 4
1-3 3   **1**-4 1

─────────────────────────

대표 응용 **2** 4, 3 / 4, 3 / 4
2-1 6, 5 / 6   **2**-2 3, 5 / 5
2-3 3, 7 / 7   **2**-4 5, 4 / 5

1
위

← 위에서 셋째 칸

← 아래에서 둘째 칸

아래

━━━과 ━━━ 사이에는 **4**개의 칸이 있습니다.

1-1
위

← 위에서 둘째 칸

← 아래에서 다섯째 칸

아래

━━━과 ━━━ 사이에는 **2**개의 칸이 있습니다.

1-2
위

← 위에서 첫째 칸

← 아래에서 넷째 칸

아래

━━━과 ━━━ 사이에는 **4**개의 칸이 있습니다.

1-3

왼쪽에서   오른쪽에서
넷째 칸   둘째 칸

왼쪽   오른쪽

🍔와 🍟 사이에는 **3**개의 칸이 있습니다.

1-4

왼쪽에서 오른쪽에서
넷째 칸 넷째 칸

왼쪽   오른쪽

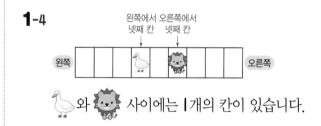

🦢와 🦁 사이에는 **1**개의 칸이 있습니다.

2-1 수의 순서를 거꾸로 쓰면 **9**, **8**, **7**, **6**, **5**입니다.

오른쪽에서 둘째인 수는 **6**입니다.

2-2 수를 순서대로 쓰면 **2**, **3**, **4**, **5**, **6**입니다.

왼쪽에서 넷째인 수는 **5**입니다.

2-3 수를 순서대로 쓰면 3, 4, 5, 6, 7입니다.

3	4	5	6	7
다섯째	넷째	셋째	둘째	첫째

왼쪽 · · · 오른쪽

오른쪽에서 첫째인 수는 **7**입니다.

2-4 수의 순서를 거꾸로 쓰면 7, 6, 5, 4, 3입니다.

7	6	5	4	3
첫째	둘째	셋째	넷째	다섯째

왼쪽 · · · 오른쪽

왼쪽에서 셋째인 수는 **5**입니다.

---

3. 수의 크기 비교

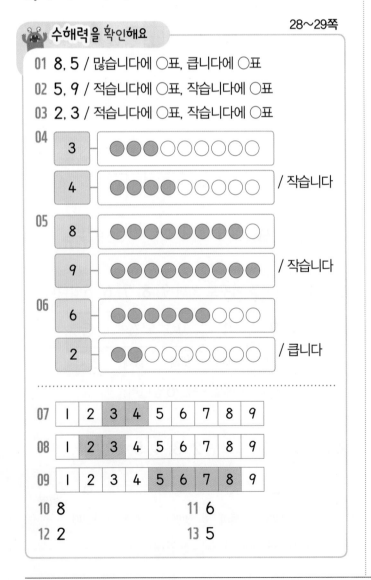

수해력을 확인해요 28~29쪽

01 8, 5 / 많습니다에 ○표, 큽니다에 ○표
02 5, 9 / 적습니다에 ○표, 작습니다에 ○표
03 2, 3 / 적습니다에 ○표, 작습니다에 ○표
04 3 / 4 / 작습니다
05 8 / 9 / 작습니다
06 6 / 2 / 큽니다
07 | 1 | 2 | 3 | 4 | 5 | 6 | 7 | 8 | 9 |
08 | 1 | 2 | 3 | 4 | 5 | 6 | 7 | 8 | 9 |
09 | 1 | 2 | 3 | 4 | 5 | 6 | 7 | 8 | 9 |
10 8   **11** 6
12 2   **13** 5

수해력을 높여요

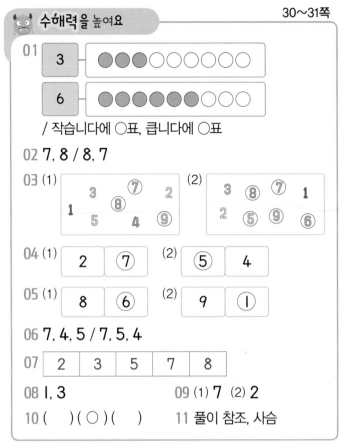

01 3 / 6 / 작습니다에 ○표, 큽니다에 ○표
02 7, 8 / 8, 7
03 (1) 1 3 7 2 / 1 8 / 5 4 9   (2) 3 8 7 1 / 2 5 9 6
04 (1) 2 7   (2) 5 4
05 (1) 8 6   (2) 9 1
06 7, 4, 5 / 7, 5, 4
07 | 2 | 3 | 5 | 7 | 8 |
08 1, 3   **09** (1) 7 (2) 2
10 (   ) (○) (   )   **11** 풀이 참조, 사슴

---

01 3은 6보다 작습니다.
6은 3보다 큽니다.

02 8은 7보다 큽니다.

03 (1) 6보다 큰 수는 6보다 뒤에 있는 7, 8, 9입니다.
(2) 4보다 큰 수는 4보다 뒤에 있는 5, 6, 7, 8, 9입니다.

04 (1) 7은 2보다 큽니다.
(2) 5는 4보다 큽니다.

05 (1) 6은 8보다 작습니다.
(2) 1은 9보다 작습니다.

06 해설 나침반

먼저 수를 세어 쓴 뒤 세 수의 크기를 비교해서 순서대로 씁니다.

🐟의 수는 7, 🐚의 수는 4, 🐎의 수는 5입니다.

큰 수부터 순서대로 쓰면 7, 5, 4입니다.

07 5, 2, 3, 7, 8을 작은 수부터 순서대로 쓰면
2, 3, 5, 7, 8입니다.

08 5, 1, 9, 3, 6 중에서 4보다 작은 수는 1, 3입니다.

09 (1) 7, 5, 3 중 가장 큰 수는 7입니다.
(2) 2, 4, 8 중 가장 작은 수는 2입니다.

10 승희의 수는 4, 현석이의 수는 2,
주안이의 수는 5, 지안이의 수는 3입니다.
2, 5, 3의 수 중에서 4보다 큰 수는 5이므로
승희에게 이긴 친구는 주안입니다.

11

9			
8			
7			
6			
5			
4			
3			
2			
1			
	사자	사슴	코끼리

동물원에는 사슴이 가장 많습니다.

해설 플러스 👑

수량에 맞게 칸에 색칠하면 전체적으로 수의 크기를 비교하기 쉽습니다.

수해력을 완성해요 32~33쪽

대표 응용 1 1, 3, 4, 8, 9 / 3, 4
1-1 7, 8   **1-2** 5, 7
1-3 2, 5   **1-4** 4, 6

대표 응용 2 3, 4, 6, 7 / 3, 4, 6, 7 / 4
2-1 2   **2-2** 9
2-3 2   **2-4** 6

1-1 8, 7, 2, 3, 1을 작은 수부터 순서대로 쓰면
1, 2, 3, 7, 8입니다.
이 중 5보다 크고 9보다 작은 수는 7, 8입니다.

1-2 1, 5, 8, 9, 7을 작은 수부터 순서대로 쓰면
1, 5, 7, 8, 9입니다.
이 중 3보다 크고 8보다 작은 수는 5, 7입니다.

1-3 2, 8, 7, 5, 6을 작은 수부터 순서대로 쓰면
2, 5, 6, 7, 8입니다.
이 중 1보다 크고 6보다 작은 수는 2, 5입니다.

1-4 1, 4, 6, 2, 7을 작은 수부터 순서대로 쓰면
1, 2, 4, 6, 7입니다.
이 중 3보다 크고 7보다 작은 수는 4, 6입니다.

2-1 9, 1, 8, 5, 2를 작은 수부터 순서대로 쓰면
1, 2, 5, 8, 9입니다. 이 중 둘째인 수는 2입니다.

1	2	5	8	9
첫째	둘째	셋째	넷째	다섯째

2-2 5, 8, 3, 7, 9를 작은 수부터 순서대로 쓰면
3, 5, 7, 8, 9입니다. 이 중 다섯째인 수는 9입니다.

3	5	7	8	9
첫째	둘째	셋째	넷째	다섯째

2-3 1, 7, 2, 5, 8을 큰 수부터 순서대로 쓰면
8, 7, 5, 2, 1입니다. 이 중 넷째인 수는 2입니다.

8	7	5	2	1
첫째	둘째	셋째	넷째	다섯째

2-4 2, 5, 3, 6, 7을 큰 수부터 순서대로 쓰면
7, 6, 5, 3, 2입니다. 이 중 둘째인 수는 6입니다.

7	6	5	3	2
첫째	둘째	셋째	넷째	다섯째

수해력을 확장해요

활동 2

한 자리 수의 덧셈과 뺄셈

1. 모으기와 가르기

수해력을 확인해요

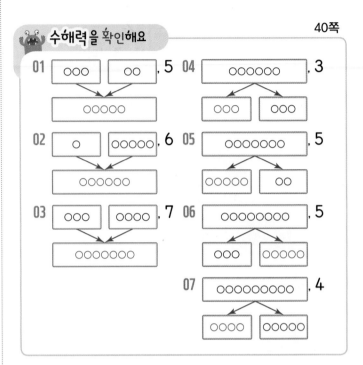

수해력을 높여요

01 (순서는 상관없음) 2, 3 / 3, 2 / 4, 1
02 (순서는 상관없음) 2, 5 / 3, 4 / 4, 3 / 5, 2 / 6, 1
03 2, 2 / 3, 1
04 2, 4 / 3, 3 / 4, 2 / 5, 1
05 7   06 3, 2

01 모아서 5가 되는 수는 (1, 4), (2, 3), (3, 2), (4, 1)입니다.

02 모아서 7이 되는 수는 (1, 6), (2, 5), (3, 4), (4, 3), (5, 2), (6, 1)입니다.

03 4를 가르는 방법은 (1, 3), (2, 2), (3, 1)입니다.

04 6을 가르는 방법은 (1, 5), (2, 4), (3, 3), (4, 2), (5, 1)입니다.

05 해설 나침반

먼저 하영이와 지수가 찾은 네잎클로버의 수를 셉니다. 그리고 두 수를 모으면 답을 구할 수 있습니다.

3과 4를 모으면 7이므로 하영이와 지수가 찾은 네잎클로버는 7개입니다.

06 1모둠은 3명이고 2모둠은 2명이므로 도화지 5장을 3장과 2장으로 가르기 하여 나누어 주어야 합니다.

해설 플러스

5를 두 수로 가르는 방법은 여러 가지이지만 그림에서 1모둠과 2모둠의 학생 수를 정확히 알 수 있고, 한 사람이 한 장씩 받기 때문에 정답은 한 가지입니다.

수해력을 완성해요

42~43쪽

대표 응용 1

아빠		시장
5		6

8

나		집
3		2

1-1

아빠		시장
5		4

7

나		집
2		3

1-2

엄마		시장
6		5

8

나		집
2		3

대표 응용 2 5, 3, 2 / 풀이 참조

2-1 풀이 참조   **2-2** 풀이 참조

2-3 풀이 참조

---

1 아빠가 5마리, 내가 3마리를 잡았습니다.
두 사람이 잡은 물고기를 모으면 8마리입니다.
8은 6과 2로 가를 수 있으므로 6마리를 시장에 팔면 집에 가져가는 것은 2마리입니다.

1-1 아빠가 5마리, 내가 2마리를 잡았습니다.
두 사람이 잡은 물고기를 모으면 7마리입니다.
7은 4와 3으로 가를 수 있으므로 4마리를 시장에 팔면 집에 가져가는 것은 3마리입니다.

1-2 엄마가 6마리, 내가 2마리를 잡았습니다.
두 사람이 잡은 물고기를 모으면 8마리입니다.
8은 5와 3으로 가를 수 있으므로 5마리를 시장에 팔면 집에 가져가는 것은 3마리입니다.

2 모아서 6이 되는 두 수를 찾아보면
(1, 5), (3, 3), (4, 2)입니다.

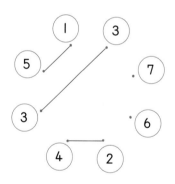

2-1 모아서 7이 되는 두 수를 찾아보면
(1, 6), (2, 5), (3, 4)입니다.

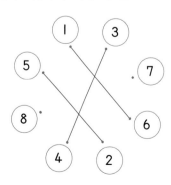

2-2 모아서 **8**이 되는 두 수를 찾아보면
　　(**1, 7**), (**2, 6**), (**3, 5**), (**4, 4**)입니다.

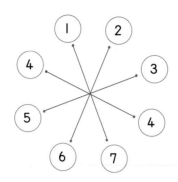

2-3 모아서 **9**가 되는 두 수를 찾아보면
　　(**1, 8**), (**2, 7**), (**3, 6**), (**4, 5**)입니다.

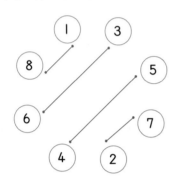

2. 한 자리 수의 덧셈과 뺄셈

46～47쪽

🦀 수해력을 확인해요

01	4, 4	04	7, 7
02	5, 5	05	8, 8
03	6, 6	06	8, 8
		07	9, 9

08	2, 2	10	5, 5
09	4, 4	11	5, 5
		12	4, 4
		13	8, 8

48～49쪽

🐮 수해력을 높여요

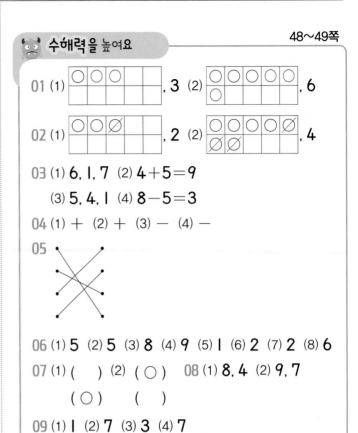

01 (1) , 3　(2) , 6

02 (1) , 2　(2) , 4

03 (1) 6, 1, 7　(2) 4+5=9
　　(3) 5, 4, 1　(4) 8−5=3

04 (1) +　(2) +　(3) −　(4) −

05

06 (1) 5 (2) 5 (3) 8 (4) 9 (5) 1 (6) 2 (7) 2 (8) 6

07 (1) (　) (2) (○)　08 (1) 8, 4 (2) 9, 7
　　(○)　　(　)

09 (1) 1 (2) 7 (3) 3 (4) 7

10 (1) 8 (2) 3　　　　　11 그림, 2

01 (1) 더하는 수가 **2**이므로 ○를 **2**개 그립니다.
　　➡ **1+2=3**
　(2) 더하는 수가 **3**이므로 ○를 **3**개 그립니다.
　　➡ **3+3=6**

02 (1) 빼는 수가 **1**이므로 ○를 **1**개 지웁니다.
　　➡ **3−1=2**
　(2) 빼는 수가 **3**이므로 ○를 **3**개 지웁니다.
　　➡ **7−3=4**

03 (1) **6+1=7**을 읽으면 **6** 더하기 **1**은 **7**입니다.
　(2) '**4** 더하기 **5**는 **9**와 같습니다.'를 식으로 쓰면
　　4+5=9입니다.
　(3) **5−4=1**을 읽으면 **5**와 **4**의 차는 **1**입니다.
　(4) '**8** 빼기 **5**는 **3**과 같습니다.'를 식으로 쓰면
　　8−5=3입니다.

04

해설 나침반

두 수의 계산에서 앞의 수보다 계산 결과가 크면 덧셈식이고, 앞의 수보다 계산 결과가 작으면 뺄셈식입니다.

(1) 5와 2를 더하면 7입니다. ➡ 5+2=7

(2) 4와 4를 더하면 8입니다. ➡ 4+4=8

(3) 6에서 1을 빼면 5입니다. ➡ 6-1=5

(4) 9에서 2를 빼면 7입니다. ➡ 9-2=7

05 1+6=7, 4+2=6, 8-4=4, 9-4=5

06
(1) 1에 4를 더하면 5입니다.

(2) 2에 3을 더하면 5입니다.

(3) 3과 5의 합은 8입니다.

(4) 6과 3의 합은 9입니다.

(5) 4에서 3을 빼면 1입니다.

(6) 6에서 4를 빼면 2입니다.

(7) 7과 5의 차는 2입니다.

(8) 9와 3의 차는 6입니다.

07
(1) 4와 3의 합은 7이므로 바르게 계산한 식은 4+3=7입니다.

(2) 9에서 6을 빼면 3이므로 바르게 계산한 식은 9-6=3입니다.

08
(1) 6+2=8이므로 6과 2의 합은 8입니다.
6-2=4이므로 6과 2의 차는 4입니다.

(2) 8+1=9이므로 8과 1의 합은 9입니다.
8-1=7이므로 8과 1의 차는 7입니다.

09
(1) 3과 합하여 4가 되는 수는 1입니다.

해설 플러스

모으기를 이용할 수 있습니다. 3+□=4에서 3과 모아서 4가 되는 수는 1입니다.

(2) 2와 합하여 9가 되는 수는 7입니다.

(3) 5에서 빼어 2가 되는 수는 3입니다.

해설 플러스

가르기를 이용할 수 있습니다. 5-□=2는 5를 □와 2로 가르는 상황이므로 □는 3입니다.

(4) 1을 빼서 6이 되는 수는 7입니다.

10
(1) 6+2=8(명)

(2) 5-2=3(명)

11 한글 카드는 8장이고 그림 카드는 6장입니다.
한글 카드와 그림 카드의 수를 똑같게 만들려면 8-6=2이므로 그림 카드가 2장 더 필요합니다.

해설 플러스

양을 비교하고 싶을 때는 뺄셈을 이용합니다. 큰 수에서 작은 수를 빼면 두 수의 차이를 알 수 있습니다.

수해력을 완성해요

50~51쪽

대표 응용 **1** 7 / 3 / 7, 3, 4, 4

1-1 6   **1**-2 5

1-3 3   **1**-4 1

대표 응용 **2** 8-5, 3장

2-1 7-2, 5개   **2**-2 2+4 또는 4+2, 6권

2-3 9-7, 2개

1-1 3+6=9이고 4-1=3이므로
▨=9, ▨=3입니다.
9-3=6이므로 ▨와 ▨에 알맞은 수의 차는 6입니다.

1-2 5+1=6이고 7-6=1이므로
▨=6, ▨=1입니다.
6-1=5이므로 ▨와 ▨에 알맞은 수의 차는 5입니다.

1-3 4와 모아서 5가 되는 수는 1이므로 ▨=1입니다.
7은 3과 4로 가를 수 있으므로 ▨=4입니다.
4-1=3이므로 ▨와 ▨에 알맞은 수의 차는 3입니다.

정답과 풀이 **11**

1-4 5와 모아서 7이 되는 수는 2이므로 ▨=2입니다.
2는 1과 1로 가를 수 있으므로 ▨=1입니다.
2−1=1이므로 ▨와 ▨에 알맞은 수의 차는
1입니다.

2 색종이가 8장 필요한데 5장만 있습니다.
더 필요한 색종이 수는 8−5로 구할 수 있습니다.
8−5=3이므로 색종이 3장이 더 필요합니다.

2-1 사탕 7개 중에서 2개를 먹었습니다.
남은 사탕의 수는 7−2로 구할 수 있습니다.
7−2=5이므로 사탕 5개가 남았습니다.

2-2 책 2권과 4권을 가져왔습니다.
두 친구가 가져온 책의 수는 2+4 또는 4+2로
구할 수 있습니다. 2+4=6, 4+2=6이므로
가져온 책은 6권입니다.

2-3 한 사람이 한 개씩 사용하려면 가위는 9개가 필요
하고 지금 있는 가위는 7개입니다.
더 필요한 가위의 수는 9−7로 구할 수 있습니다.
9−7=2이므로 더 필요한 가위는 2개입니다.

3. 여러 가지 덧셈과 뺄셈

🦀 **수해력을 확인해요**

01 (1) 3, 4, 5, 6, 7, 8
(2) 2, 3, 4, 5, 6, 7
02 (1) 4, 5, 6, 7, 8, 9
(2) 3, 4, 5, 6, 7, 8
03 (1) 1, 2, 3, 4, 5, 6, 7, 8
(2) 2, 3, 4, 5, 6, 7, 8, 9
04 (1) 1, 1, 1, 1, 1, 1, 1, 1
(2) 0, 0, 0, 0, 0, 0, 0, 0

05 4, 5, 6, 7 / 5, 6, 7, 8
06 1, 2, 3 / 0, 1, 2
07 0, 1, 2, 3, 4 / 4, 3, 2, 1, 0
08 7, 6, 5, 4, 3, 2, 1, 0 / 1, 2, 3, 4, 5, 6, 7, 8
09 3, 3, 3, 3, 3, 3, 3 / 7, 6, 5, 4, 3, 2, 1

🐮 **수해력을 높여요**

01 1, 2, 3, 4
02 2, 3, 4, 5
03 6, 7, 8, 9
04 6, 5, 4, 3
05 4, 3, 2, 1
06 4, 3, 2, 1
07 ⑩ 0+4, 1+3, 2+2, 3+1
08 ⑩ 1+4, 2+3, 3+2, 4+1
09 ⑩ 3−1, 4−2, 5−3, 6−4
10 ⑩ 5−1, 6−2, 7−3, 8−4
11 풀이 참조
12 (순서는 상관없음) 7, 3, 4 / 7, 4, 3
13 ✕ (연결선)
14 (1) 7, 1, 6 (2) 9, 3, 6
15 (1) 2 (2) 2
16 (1) 4, 0, 4 (2) 3, 0, 3 (3) 5, 5, 0
17 9, 7, 6

01 0+1=1, 0+2=2, 0+3=3, 0+4=4

02 2+0=2, 2+1=3, 2+2=4, 2+3=5

03 3+3=6, 3+4=7, 3+5=8, 3+6=9

04 6−0=6, 6−1=5, 6−2=4, 6−3=3

05 7−3=4, 7−4=3, 7−5=2, 7−6=1

06 9−5=4, 9−6=3, 9−7=2, 9−8=1

07 합이 4가 되는 덧셈식은 다음과 같습니다.
0+4=4, 1+3=4, 2+2=4, 3+1=4, 4+0=4

08 합이 5가 되는 덧셈식은 다음과 같습니다.
0+5=5, 1+4=5, 2+3=5, 3+2=5, 4+1=5, 5+0=5

09 차가 2가 되는 뺄셈식은 다음과 같습니다.
2−0=2, 3−1=2, 4−2=2, 5−3=2, 6−4=2, 7−5=2, 8−6=2, 9−7=2

10 차가 4가 되는 뺄셈식은 다음과 같습니다.
4−0=4, 5−1=4, 6−2=4, 7−3=4, 8−4=4, 9−5=4

11 계산 결과가 5인 식: $9-4$, $7-2$, $0+5$, $3+2$, $6-1$, $4+1$
계산 결과가 7인 식: $7-0$, $4+3$, $8-1$

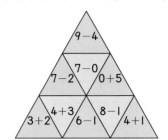

12 7에서 3과 4를 빼는 뺄셈식을 각각 만들 수 있습니다. ➡ $7-3=4$, $7-4=3$

13 2와 5의 합은 7이고, 1과 6의 합도 7입니다.
3과 3의 합은 6이고, 2와 4의 합도 6입니다.

14 해설 **나침반**

차가 가장 크려면 가장 큰 수에서 가장 작은 수를 빼야 합니다.

(1) 1, 2, 4, 7 중에서 가장 큰 수는 7이고 가장 작은 수는 1입니다. ➡ $7-1=6$
(2) 3, 5, 8, 9 중에서 가장 큰 수는 9이고 가장 작은 수는 3입니다. ➡ $9-3=6$

15 (1) $3+2=5$이므로 $7-\square=5$가 되어야 합니다. 7은 2와 5로 가를 수 있으므로 $\square=2$입니다.
(2) $8-0=8$이므로 $6+\square=8$이 되어야 합니다. 6과 모아서 8이 되는 수는 2이므로 $\square=2$입니다.

16 (1) 우유 4개에서 하나도 마시지 않았으므로 우유의 수는 그대로 4개입니다.
➡ $4-0=4$
(2) 공책 3권에 더해진 것이 없으므로 공책의 수는 그대로 3권입니다.
➡ $3+0=3$
(3) 빵 5개 중 5개를 모두 먹었으므로 남은 빵이 없습니다.
➡ $5-5=0$

17 $9-0=9$이므로 유은이가 맞힌 문제는 9개입니다.
$9-2=7$이므로 민준이가 맞힌 문제는 7개입니다.
$9-3=6$이므로 서연이가 맞힌 문제는 6개입니다.

해설 **플러스** 👑

틀린 문제의 수와 맞힌 문제의 수를 더하면 전체 문제의 수가 되고, 전체 문제의 수에서 틀린 문제의 수를 빼면 맞힌 문제의 수가 됩니다.

🐲 **수해력을 완성해요** 58~59쪽

대표 응용 **1** 2, 2 / 3, 3 / 2, 3
1-1 1, 4 **1**-2 3, 6
1-3 5, 2 **1**-4 7, 4

대표 응용 **2** (1) 8, 4, 4 (2) 4, 3, 7
2-1 (1) 4, 5, 9 (2) 9, 6, 3
2-2 (1) 7, 2, 9 (2) 9, 4, 5
2-3 (1) 8, 3, 5 (2) 8, 5, 3 (3) 5, 3, 2

1-1 🍓+🍓=2에서 2를 같은 수로 가르면 1과 1이므로 🍓=1입니다.
1+🍋=5에서 1과 모아서 5가 되는 수는 4이므로 🍋=4입니다.

1-2 🍓+🍓=6에서 6을 같은 수로 가르면 3과 3이므로 🍓=3입니다.
3+🍋=9에서 3과 모아서 9가 되는 수는 6이므로 🍋=6입니다.

1-3 🍋+🍋=4에서 4를 같은 수로 가르면 2와 2이므로 🍋=2입니다.
🍓−2=3에서 🍓는 3보다 2가 더 큰 수이므로 🍓=5입니다.

1-4 🍋+🍋=8에서 8을 같은 수로 가르면 4와 4이므로 🍋=4입니다.

🍓−4=3에서 🍓는 3보다 4가 더 큰 수이므로 🍓=7입니다.

2-1 (1) 4+5=9이므로 교실에 있던 책은 9권입니다.
(2) 9−6=3이므로 교실에 남은 책은 3권입니다.

2-2 (1) 7+2=9이므로 첫 번째 정류장을 지나고 버스에 타고 있는 사람은 9명입니다.
(2) 9−4=5이므로 두 번째 정류장을 지나고 버스에 타고 있는 사람은 5명입니다.

2-3 (1) 8−3=5이므로 1팀의 여학생 수는 5명입니다.
(2) 8−5=3이므로 2팀의 여학생 수는 3명입니다.
(3) 5−3=2이므로 두 팀의 여학생 수의 차는 2명입니다.

🎩 **수해력을 확장해요** 60~61쪽

활동 1

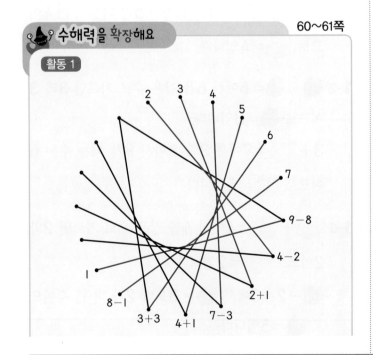

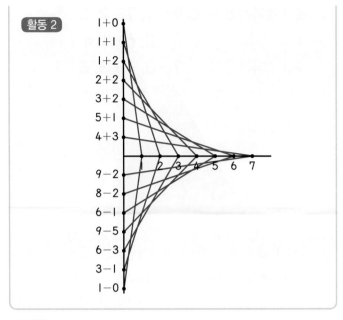

활동 2

활동 1

9−8=1이므로 9−8과 1을 연결합니다.
4−2=2이므로 4−2와 2를 연결합니다.
2+1=3이므로 2+1과 3을 연결합니다.
7−3=4이므로 7−3과 4를 연결합니다.
4+1=5이므로 4+1과 5를 연결합니다.
3+3=6이므로 3+3과 6을 연결합니다.
8−1=7이므로 8−1과 7을 연결합니다.

활동 2 [위쪽]

1+0=1이므로 1+0과 1을 연결합니다.
1+1=2이므로 1+1과 2를 연결합니다.
1+2=3이므로 1+2와 3을 연결합니다.
2+2=4이므로 2+2와 4를 연결합니다.
3+2=5이므로 3+2와 5를 연결합니다.
5+1=6이므로 5+1과 6을 연결합니다.
4+3=7이므로 4+3과 7을 연결합니다.

[아래쪽]

9−2=7이므로 9−2와 7을 연결합니다.
8−2=6이므로 8−2와 6을 연결합니다.
6−1=5이므로 6−1과 5를 연결합니다.
9−5=4이므로 9−5와 4를 연결합니다.
6−3=3이므로 6−3과 3을 연결합니다.
3−1=2이므로 3−1과 2를 연결합니다.
1−0=1이므로 1−0과 1을 연결합니다.

100까지의 수

1. 19까지의 수

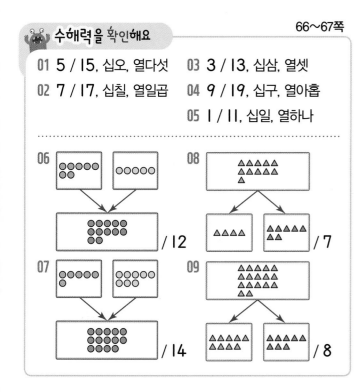

수해력을 확인해요　　　　　　　66~67쪽

01 5 / 15, 십오, 열다섯　　03 3 / 13, 십삼, 열셋
02 7 / 17, 십칠, 열일곱　　04 9 / 19, 십구, 열아홉
　　　　　　　　　　　　　05 1 / 11, 십일, 열하나

06　　　　　　　　　　　08
　　　　　　　　　　　　　　　　　　　　/ 7
　　　　　　　　/ 12

07　　　　　　　　　　　09
　　　　　　　　/ 14　　　　　　　　　　/ 8

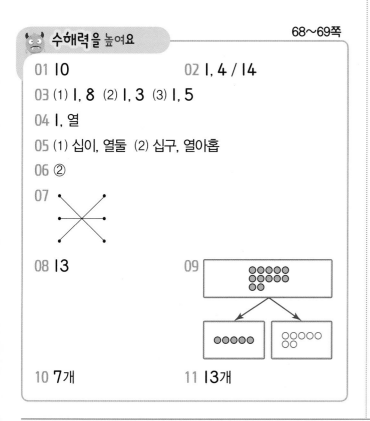

수해력을 높여요　　　　　　　68~69쪽

01 10　　　　　　　　02 1, 4 / 14
03 (1) 1, 8 (2) 1, 3 (3) 1, 5
04 1, 열
05 (1) 십이, 열둘 (2) 십구, 열아홉
06 ②
07
08 13　　　　　　　09
10 7개　　　　　　　11 13개

01 9보다 1만큼 더 큰 수는 10입니다.

02 햄버거의 수는 10개씩 묶음 1개와 낱개 4개이므로 14입니다.

03 (1) 18은 10개씩 묶음 1개와 낱개 8개입니다.
　　(2) 13은 10개씩 묶음 1개와 낱개 3개입니다.
　　(3) 15는 10개씩 묶음 1개와 낱개 5개입니다.

04 10은 9보다 1만큼 더 큰 수입니다.
　　10은 십 또는 열이라고 읽습니다.

05 (1) 12는 십이 또는 열둘이라고 읽습니다.
　　(2) 19는 십구 또는 열아홉이라고 읽습니다.

06 ② 18 — 십팔 또는 열여덟입니다.

07 (1) 감자튀김의 수가 17이므로 십칠입니다.
　　(2) 책의 수는 15입니다.
　　(3) 모형의 수가 13이므로 열셋입니다.

08 5와 8을 모으기 하면 13이 됩니다.

09 12는 5와 7로 가르기 할 수 있습니다.

10
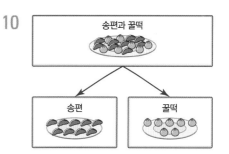

16은 9와 7로 가르기 할 수 있습니다.
따라서 꿀떡은 7개입니다.

11 국어 시간에 받은 칭찬 스티커 6개와 수학 시간에 받은 칭찬 스티커 7개를 칭찬 스티커 판에 붙여 보면 다음과 같습니다. 따라서 재윤이가 모은 칭찬 스티커는 모두 13개입니다.

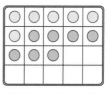

〈칭찬 스티커 판〉

대표 응용 1 6 / 8 / 14

1-1 16   **1**-2 7

1-3 6   **1**-4 8

대표 응용 2 풀이 참조 / 7 / 5, 3, 2

2-1 풀이 참조   **2**-2 풀이 참조

2-3 풀이 참조   **2**-4 풀이 참조

1-1 14를 7과 7로 가르기 합니다.
18을 9와 9로 가르기 합니다.
7과 9를 모으기 하면 16이 됩니다.

1-2 6과 5를 모으기 한 수는 11입니다.
11은 4와 7로 가르기 할 수 있으므로 어떤 수는 7입니다.

1-3 7과 8을 모으기 한 수는 15입니다.
15는 9와 6으로 가르기 할 수 있으므로 어떤 수는 6입니다.

1-4 4와 9를 모으기 한 수는 13입니다.
13은 5와 8로 가르기 할 수 있으므로 어떤 수는 8입니다.

2 8과 7, 10과 5, 12와 3, 13과 2를 모으기 하면 15가 됩니다.

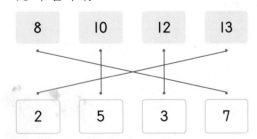

2-1 6과 7, 11과 2, 8과 5, 9와 4를 모으기 하면 13이 됩니다.

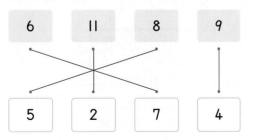

2-2 9와 8, 13과 4, 11과 6, 10과 7을 모으기 하면 17이 됩니다.

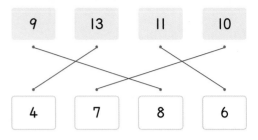

2-3 3과 11, 10과 4, 8과 6, 12와 2를 모으기 하면 14가 됩니다.

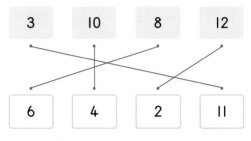

2-4 5와 6, 8과 3, 7과 4, 2와 9를 모으기 하면 11이 됩니다.

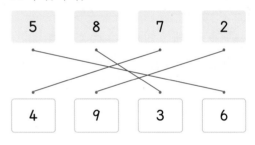

2. 99까지의 수

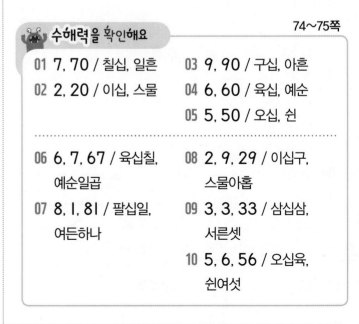

01 7, 70 / 칠십, 일흔   03 9, 90 / 구십, 아흔

02 2, 20 / 이십, 스물   04 6, 60 / 육십, 예순

                               05 5, 50 / 오십, 쉰

---

06 6, 7, 67 / 육십칠, 예순일곱   08 2, 9, 29 / 이십구, 스물아홉

07 8, 1, 81 / 팔십일, 여든하나   09 3, 3, 33 / 삼십삼, 서른셋

                               10 5, 6, 56 / 오십육, 쉰여섯

🐷 **수해력을 높여요**

01 풀이 참조, 6, 60　　02 7, 2 / 72

03 50 / 오십, 쉰　　04 8

05 ㉢

06 (1) 마흔 (2) 예순 (3) 서른

07 ③

08
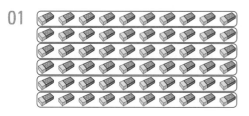
　　09 (위에서부터) 25, 3, 3

10 4, 7　　11 31, 28

01
10개씩 묶음이 6개이므로 60입니다.

02 10개씩 묶음이 7개, 낱개가 2개이므로 72입니다.

03 10개씩 묶음 5개는 50입니다.
50은 오십 또는 쉰이라고 읽습니다.

04 구슬은 10개씩 묶음 8개와 낱개 4개입니다.
10개씩 묶음 1개로 팔찌 1개를 만들 수 있으므로
팔찌를 모두 8개 만들 수 있습니다.

> 해설 플러스 👑
>
> 10개씩 묶음 1개로 팔찌 1개를 만들 수 있으므로 낱개 4개
> 로는 팔찌를 만들 수 없습니다. 낱개 6개가 더 있으면 팔
> 찌 1개를 더 만들 수 있습니다.

05 ㉠ 53
㉡ 10개씩 묶음 5개, 낱개 3개―53
㉢ 서른 다섯―35
㉣ 오십삼―53

06 (1) 40은 사십 또는 마흔이라고 읽습니다.
(2) 60은 육십 또는 예순이라고 읽습니다.
(3) 30은 삼십 또는 서른이라고 읽습니다.

07 ① 57―오십칠
② 77―일흔일곱
③ 35―서른다섯
④ 23―이십삼
⑤ 61―예순하나
따라서 수를 바르게 읽은 것은 ③ 35―서른다섯
입니다.

08 (1) 10개씩 묶음 6개와 낱개 4개는 64이므로
예순넷이라고 읽습니다.
(2) 10개씩 묶음 5개와 낱개 4개는 54입니다.
(3) 10개씩 묶음 3개와 낱개 9개는 39이므로
삼십구라고 읽습니다.

09 • 10개씩 묶음 2개와 낱개 5개는 25입니다.
• 93은 10개씩 묶음 9개와 낱개 3개입니다.
• 31은 10개씩 묶음 3개와 낱개 1개입니다.

10 47은 10개씩 묶음 4개와 낱개 7개입니다.
큰 초는 10개씩 묶음을 뜻하고, 작은 초는 낱개를
뜻합니다.
따라서 아빠의 47번째 생신에는 큰 초 4개와 작
은 초 7개가 필요합니다.

11 테니스공의 수: 10개씩 묶음 3개와 낱개 1개는 31
입니다.
야구공의 수: 스물여덟은 28입니다.

👾 **수해력을 완성해요**

대표 응용 **1** 7 / 6, 1 / 7

1-1 8개　　　　**1**-2 4개

1-3 5개　　　　**1**-4 5명

대표 응용 **2** 27, 29, 삼십사, 서른넷 / 재란

2-1 주영　　　　**2**-2 시안

2-3 수민　　　　**2**-4 민희

1-1 89는 10개씩 묶음 8개와 낱개가 9개인 수입니다. 10개씩 묶음 8개로 꽃다발 8개를 만들 수 있고, 나머지 9개로는 꽃다발을 만들 수 없습니다. 따라서 만들 수 있는 꽃다발은 8개입니다.

1-2 34는 10개씩 묶음 3개와 낱개가 4개인 수입니다. 축구공 10개씩 묶음 3개로 정리하기 위해서 정리함 3개가 필요하고, 나머지 4개를 정리하기 위해서도 정리함 1개가 필요합니다. 따라서 필요한 정리함은 적어도 4개입니다.

1-3 58은 10개씩 묶음 5개와 낱개가 8개인 수입니다. 10개씩 묶음 5개로 선물을 5개 받을 수 있고, 나머지 8개로는 선물을 받을 수 없습니다. 따라서 지수가 받을 수 있는 선물은 5개입니다.

1-4 42는 10개씩 묶음 4개와 낱개 2개인 수입니다. 10개씩 묶음 4개를 들기 위해서는 4명이 필요하고, 나머지 2개를 들기 위해서도 한 명이 필요합니다. 따라서 필요한 친구는 적어도 5명입니다.

2-1 혜선: 93은 구십삼 또는 아흔셋이라고 읽습니다.
주영: 42는 마흔둘과 같은 수입니다.

2-2 시안: 58은 10개씩 묶음 5개와 낱개 8개인 수입니다.
재경: 팔십구는 여든아홉과 같은 수입니다.

2-3 준경: 팔십팔과 여든여덟은 같은 수입니다.
수민: 32는 삼십이 또는 서른둘이라고 읽습니다.

2-4 수아: 59는 오십구 또는 쉰아홉이라고 읽습니다.
민희: 41은 사십일 또는 마흔하나라고 읽습니다.

3. 수의 순서와 크기 비교

😀 **수해력을 확인해요**　　　　　　　　83쪽

01 19, 큽니다에 ○표　　03 85, 작습니다에 ○표
02 61, 큽니다에 ○표　　04 51, 작습니다에 ○표
　　　　　　　　　　　05 69, 큽니다에 ○표

👿 **수해력을 높여요**　　　　　　　　84~85쪽

01 29 / 이십구, 스물아홉　02 큽니다에 ○표, >
03 100, 백　　　　　　　04 ㉣
05 48에 ○표　　　　　　06 13, 홀수에 ○표
07 3개　　　　　　　　　08 3개
09 8, 9　　　　　　　　　10 87, 홀수에 ○표
11 풀이 참조　　　　　　　12 (　　)(○)(　　)

01 28보다 1만큼 더 큰 수는 29이고, 이십구 또는 스물아홉이라고 읽습니다.

02 37은 29보다 큽니다. ➡ 37 > 29

03 99보다 1만큼 더 큰 수는 100이고, 백이라고 읽습니다.

04 ㉠ 90보다 1만큼 더 작은 수 — 89
㉡ 89
㉢ 88보다 1만큼 더 큰 수 — 89
㉣ 팔십팔 — 88
㉤ 여든아홉 — 89

05 51은 10개씩 묶음의 수가 5개이고 48은 10개씩 묶음의 수가 4개이므로 51 > 48입니다.

06 **해설 나침반**
13개의 지우개를 둘씩 묶어 보았을 때 한 개를 짝을 지을 수 없으므로 13은 홀수입니다.

지우개의 수는 13이고, 13은 홀수입니다.

07 2, 16, 34 → 짝수, 9, 11 → 홀수
따라서 짝수는 모두 3개입니다.

08 54보다 1만큼 더 큰 수 — 55
60보다 1만큼 더 작은 수 — 59
따라서 55보다 크고 59보다 작은 수는 56, 57, 58로 모두 3개입니다.

09 77 < 81, 77 < 91이므로 □ 안에 들어갈 수 있는 수는 8, 9입니다.

10 몇십몇을 만들 때 가장 큰 수는 10개씩 묶음의 수에 가장 큰 수, 낱개의 수에 두 번째로 큰 수를 쓴 경우입니다. 따라서 5, 7, 8로 가장 큰 수를 만들면 87이고 87은 홀수입니다.

11 할머니: 일흔일곱—77

   아빠: 47

   엄마: 47보다 1만큼 더 작은 수—46

   이모: 쉰다섯—55

   큰 수부터 순서대로 나타내면 77, 55, 47, 46 입니다.

사람	할머니	이모	아빠	엄마
나이(살)	77	55	47	46

12 60, 65, 56 중 가장 큰 수는 65입니다.

수해력을 완성해요　　　　　　86~87쪽

대표 응용 **1** 69, 69 / 73, 70, 69 / 지윤, 성준, 로건

1-1 지우, 인호, 지안　　　**1**-2 은영, 준경, 시후

1-3 영석, 혜선, 주영　　　**1**-4 지은, 태준, 윤후

대표 응용 **2** 큰에 ○표, 큰에 ○표 / 75 / 홀수에 ○표

2-1 홀수　　　　　　　**2**-2 짝수

2-3 짝수　　　　　　　**2**-4 홀수

1-1 딴 방울토마토는 지우 49개, 지안 51개, 인호 50 개이므로 딴 방울토마토의 수가 적은 순서대로 쓰면 지우, 인호, 지안입니다.

1-2 모은 은행잎은 시후 22장, 은영 25장, 준경 23 장이므로 은행잎을 많이 모은 순서대로 쓰면 은영, 준경, 시후입니다.

1-3 넣은 콩주머니는 주영 34개, 영석 29개, 혜선 30개이므로 넣은 콩주머니가 적은 순서대로 쓰면 영석, 혜선, 주영입니다.

1-4 한 달 동안 읽은 책은 태준 45권, 지은 50권, 윤 후 44권이므로 책을 많이 읽은 순서대로 쓰면 지은, 태준, 윤후입니다.

2-1 2, 9, 7, 6으로 몇십몇을 만들었을 때 가장 큰 수는 97이고, 97은 홀수입니다.

2-2 2, 1, 4, 7로 몇십몇을 만들었을 때 가장 큰 수는 74이고, 74는 짝수입니다.

2-3 6, 1, 2, 9로 몇십몇을 만들었을 때 가장 작은 수는 12이고, 12는 짝수입니다.

2-4 5, 8, 4, 9로 몇십몇을 만들었을 때 가장 작은 수는 45이고, 45는 홀수입니다.

4. 수 배열표에서 규칙 찾기

수해력을 확인해요　　　　　　90~91쪽

01 80, 60, 50, 30　　　04 44, 55, 66, 88

02 12, 15, 21　　　　　05 1, 2, 1

03 7, 3, 3　　　　　　 06 35, 25, 20, 15

　　　　　　　　　　　07 8, 12, 14

---

08 풀이 참조　　　　　10 3

09 풀이 참조　　　　　11 10

08
1	2	3	4	5	6	7	8	9	10
11	12	13	14	15	16	17	18	19	20
21	22	23	24	25	26	27	28	29	30
31	32	33	34	35	36	37	38	39	40

09
1	2	3	4	5	6	7	8	9	10
11	12	13	14	15	16	17	18	19	20
21	22	23	24	25	26	27	28	29	30
31	32	33	34	35	36	37	38	39	40

😈 수해력을 높여요

01 10, 16, 22	02 2, 3, 4
03 10	04 풀이 참조, 3
05 40 / 41 / 41, 40	06 ( ) ( ) (○)
07 16, 12, 10, 6	08 5, 9, 14
09 풀이 참조	10 풀이 참조
11 48	

01 I부터 시작하여 **3**씩 커지는 규칙입니다.

I-4-7-10-13-16-19-22

02 I부터 시작하여 **2**번씩 수가 반복되며 I씩 커지는 규칙입니다.

I-I-2-2-3-3-4-4

03 색칠한 수는 **10**씩 커지는 규칙이 있습니다.

04 색칠한 수는 **3**씩 커지는 규칙이 있습니다.

31	32	33	34	35	36	37	38	39	40
41	42	43	44	45	46	47	48	49	50
51	52	53	54	55	56	57	58	59	60

05 (가)는 **20, 40, 80**이 반복되는 규칙이므로 빈칸에 알맞은 수는 **40**입니다.

(나)는 **42**부터 시작하여 I씩 작아지는 규칙이므로 빈칸에 알맞은 수는 **41**입니다.

두 수의 크기를 비교하면 **41 > 40**입니다.

06 해설 **나침반**

🪙, 💯, 🔵의 순서로 반복되는 규칙입니다. 🔵, 🪙, 💯의 순서로 반복되는 규칙으로 생각하지 않도록 주의해야 합니다.

동전은 🪙, 💯, 🔵이 반복되는 규칙이므로 다음에 올 동전은 💯입니다.

07 **20**부터 시작하여 **2**씩 작아지는 규칙입니다.

20-18-16-14-12-10-8-6

08 **3**부터 시작하여 **2**씩 커지는 규칙입니다.

3-5-7-9-11-13

따라서 **5**와 **9**를 모으기 하면 **14**가 됩니다.

09 **5I**부터 시작하여 **4**씩 커지는 규칙입니다.

51	52	53	54	55	56	57	58	59	60
61	62	63	64	65	66	67	68	69	70
71	72	73	74	75	76	77	78	79	80

10 책상 번호는 I부터 시작하여 아래쪽으로 I씩 커지고, 오른쪽으로 **4**씩 커집니다.

I	5	9	I3
2	6	I0	I4
3	7	II	I5
4	8	I2	I6

11 좌석의 번호는 오른쪽으로 갈수록 I씩 커지고 아래쪽으로 갈수록 **10**씩 커지는 규칙입니다.

따라서 🩶가 그려진 좌석의 번호는 **48**입니다.

👾 수해력을 완성해요

대표 응용 **1** 3 / 33, 21, 15 / 3, 15	
1-1 I	**1-2** 9
1-3 55	**1-4** 9

대표 응용 **2** 7 / 2 / 2, 7	
2-1 4, 6	**2-2** 7, 5
2-3 I, 7	**2-4** 6, 5

1 **39**부터 시작하여 **3**씩 작아지는 규칙입니다.

39	36	33	30	27	24	21	18	15

1-1 I, 3, 5가 반복되는 규칙입니다.

I	3	5	I	3	5	I	3	5	I

1-2 **21**부터 시작하여 **2**씩 작아지는 규칙입니다.

21	19	17	15	13	11	9	7	5

1-3 **20**부터 시작하여 왼쪽으로 **5**씩 커지는 규칙입니다.

55	50	45	40	35	30	25	20

1-4 Ⅰ부터 시작하여 **4**씩 커지는 규칙입니다.

Ⅰ	5	**9**	13	17	21	25	29

2-1 양쪽의 두 수는 Ⅰ부터 두 번씩 반복되며 순서대로 Ⅰ씩 커지는 규칙입니다. 가운데 수는 양쪽의 두 수를 더한 수입니다.
➡ ㉠=2+2=4, ㉡=3+3=6

2-2 양쪽의 두 수는 Ⅰ부터 순서대로 Ⅰ씩 커지는 규칙입니다. 가운데 수는 양쪽의 두 수를 더한 수입니다.
➡ ㉠=3+4=7, ㉡=11−6=5

2-3 양쪽의 두 수는 짝수가 2부터 두 번씩 반복되며 2씩 커지는 규칙입니다. 가운데 수는 양쪽의 두 수보다 Ⅰ만큼 더 작은 수입니다.
➡ ㉠=Ⅰ, ㉡=7

2-4 양쪽의 두 수는 홀수가 Ⅰ부터 두 번씩 반복되며 2씩 커지는 규칙입니다. 가운데 수는 양쪽의 두 수를 더한 수입니다.
➡ ㉠=3+3=6, ㉡=10−5=5

🟣 수해력을 확장해요
96쪽

활동 1

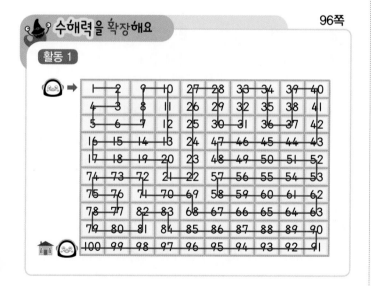

받아올림과 받아내림이 없는 두 자리 수의 덧셈과 뺄셈

1. 받아올림이 없는 두 자리 수의 덧셈

👾 수해력을 확인해요
102~103쪽

01 (1) 8	(2) 28	**05** (1) 5	(2) 50
02 (1) 7	(2) 37	**06** (1) 9	(2) 90
03 (1) 9	(2) 49	**07** (1) 9	(2) 90
04 (1) 8	(2) 68	**08** (1) 6	(2) 60

09 (1) 30	(2) 38	**13** (1) 60	(2) 68
10 (1) 40	(2) 49	**14** (1) 90	(2) 99
11 (1) 60	(2) 66	**15** (1) 70	(2) 75
12 (1) 70	(2) 77	**16** (1) 50	(2) 57
		17 (1) 80	(2) 88

👹 수해력을 높여요
104~105쪽

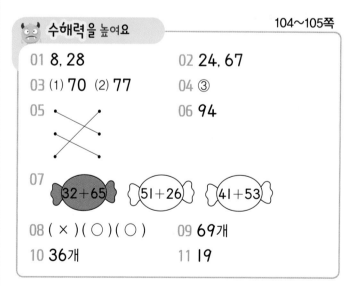

01 8, 28   **02** 24, 67
03 (1) 70 (2) 77   **04** ③
05   **06** 94
07 32+65   51+26   41+53
08 (×)(○)(○)   **09** 69개
10 36개   **11** 19

01 사과 20개와 8개를 더하면 모두 28개입니다.

02 10개씩 묶음 4개와 낱개 3개에 10개씩 묶음 2개와 낱개 4개를 더하면 10개씩 묶음 6개와 낱개 7개가 됩니다. ➡ 43+24=67

03 해설 나침반

(몇십)+(몇십)을 계산할 때에는 10개씩 묶음의 수끼리 더합니다. (몇십몇)+(몇십몇)을 계산할 때에는 낱개의 수끼리 더하고, 10개씩 묶음의 수끼리 더합니다.

(1)
```
    3 0
 +  4 0
 ───────
    7 0
```
(2)
```
    3 5
 +  4 2
 ───────
    7 7
```

04 (현준이와 중경이가 가지고 있는 장난감 차의 수)
= (현준이가 가지고 있는 장난감 차의 수)
  + (중경이가 가지고 있는 장난감 차의 수)
= 15 + 13 = 28(대)

05 해설 나침반

(몇십몇)+(몇)을 계산할 때에는 낱개의 수끼리 더하고, 10개씩 묶음의 수는 그대로 내려 씁니다.

```
    3 0          6 0
 +  1 0       +    7
 ───────      ───────
    4 0          6 7

    5 1          2 0
 +  1 3       +  2 0
 ───────      ───────
    6 4          4 0

    4 3          4 0
 +  2 4       +  2 4
 ───────      ───────
    6 7          6 4
```

06
```
    2 3
 +  7 1
 ───────
    9 4
```

07 32+65=97, 51+26=77, 41+53=94
이므로 합이 가장 큰 것은 32+65입니다.

08
```
    1 0          9 2          2 2
 +  6 7       +    6       +  5 4
 ───────      ───────      ───────
    7 7          9 8          7 6
```
77은 낱개의 수 7이 홀수이므로 홀수이고,
98과 76은 낱개의 수가 짝수이므로 짝수입니다.

09 (라희와 지윤이가 딴 귤의 수)
= (라희가 딴 귤의 수) + (지윤이가 딴 귤의 수)
= 33 + 36 = 69(개)

10 (은서와 엄마가 산 과일의 수)
= (사과의 수) + (키위의 수)
= 24 + 12 = 36(개)

11 (아기가 걸은 걸음의 수)
= (첫 번째 연습의 걸음 수)
  + (두 번째 연습의 걸음 수)
= 8 + 11 = 19(걸음)

수해력을 완성해요

106~107쪽

대표 응용 1	51, 33, 16 / 51, 16 / 51, 16, 67
1-1 64	**1**-2 83
1-3 79	**1**-4 75

대표 응용 2	26 / 26, 1, 2, 3, 4, 5 / 5
2-1 1, 2, 3	**2**-2 2개
2-3 7, 8, 9	**2**-4 2개

1-1 세 수의 크기를 비교하면 41 > 36 > 23이므로
가장 큰 수는 41이고, 가장 작은 수는 23입니다.
따라서 가장 큰 수와 가장 작은 수의 합은
41 + 23 = 64입니다.

1-2 세 수의 크기를 비교하면 72 > 26 > 11이므로
가장 큰 수는 72이고, 가장 작은 수는 11입니다.
따라서 가장 큰 수와 가장 작은 수의 합은
72 + 11 = 83입니다.

1-3 세 수의 크기를 비교하면 66 > 30 > 13이므로
가장 큰 수는 66이고, 가장 작은 수는 13입니다.
따라서 가장 큰 수와 가장 작은 수의 합은
66 + 13 = 79입니다.

1-4 네 수의 크기를 비교하면 **51**>**40**>**35**>**24**이므
로 가장 큰 수는 **51**이고, 가장 작은 수는 **24**입니다.
따라서 가장 큰 수와 가장 작은 수의 합은
51+**24**=**75**입니다.

2-1 먼저 덧셈식을 계산하면 **2**+**12**=**14**입니다.
14>**1**□이므로 **1**부터 **9**까지의 수 중에서
□ 안에 들어갈 수 있는 수는 **1**, **2**, **3**입니다.

2-2 먼저 덧셈식을 계산하면 **51**+**32**=**83**입니다.
83>**8**□이므로 **1**부터 **9**까지의 수 중에서 □ 안
에 들어갈 수 있는 수는 **1**, **2**로 모두 **2**개입니다.

2-3 먼저 덧셈식을 계산하면 **16**+**40**=**56**입니다.
56<**5**□이므로 **1**부터 **9**까지의 수 중에서 □ 안
에 들어갈 수 있는 수는 **7**, **8**, **9**입니다.

2-4 먼저 덧셈식을 계산하면 **43**+**34**=**77**입니다.
77<**7**□이므로 **1**부터 **9**까지의 수 중에서 □ 안
에 들어갈 수 있는 수는 **8**, **9**로 모두 **2**개입니다.

2. 받아내림이 없는 두 자리 수의 뺄셈

🦀 수해력을 확인해요
110~111쪽

01 (1) 3	(2) 23	**05** (1) 1	(2) 10
02 (1) 5	(2) 35	**06** (1) 2	(2) 20
03 (1) 1	(2) 41	**07** (1) 3	(2) 30
04 (1) 7	(2) 67	**08** (1) 4	(2) 40
09 (1) 20	(2) 21	**13** (1) 30	(2) 32
10 (1) 20	(2) 22	**14** (1) 50	(2) 57
11 (1) 40	(2) 43	**15** (1) 40	(2) 45
12 (1) 30	(2) 35	**16** (1) 40	(2) 41
		17 (1) 30	(2) 34

👿 수해력을 높여요
112~113쪽

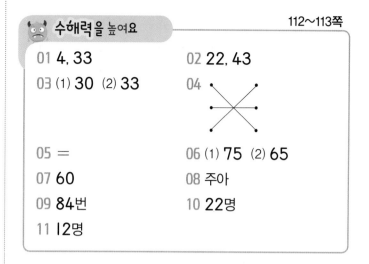

01 4, 33	**02** 22, 43
03 (1) 30 (2) 33	**04**
05 =	**06** (1) 75 (2) 65
07 60	**08** 주아
09 84번	**10** 22명
11 12명	

01 딸기 **37**개에서 **4**개를 지우면 **33**개가 남습니다.
➡ **37**−**4**=**33**

02 **10**개씩 묶음 **6**개와 낱개 **5**개에서 **10**개씩 묶음
2개, 낱개 **2**개를 빼면 **10**개씩 묶음 **4**개와 낱개
3개가 남습니다. ➡ **65**−**22**=**43**

03 해설 **나침반**

(몇십)−(몇십)을 계산할 때에는 10개씩 묶음의 수끼리 뺍니다.
(몇십몇)−(몇십몇)을 계산할 때에는 낱개의 수끼리 빼고,
10개씩 묶음의 수끼리 뺍니다.

```
(1)    4 0        (2)    7 5
     − 1 0             − 4 2
     ───────           ───────
       3 0               3 3
```

04 해설 **나침반**

(몇십몇)−(몇)을 계산할 때에는 낱개의 수끼리 빼고, 10개씩
묶음의 수는 그대로 내려 씁니다.

```
   7 0        9 7        4 8
 − 2 0      − 3 7      −   7
 ───────    ───────    ───────
   5 0        6 0        4 1
```

05
```
   5 8        8 3
 − 1 6      − 4 1
 ───────    ───────
   4 2        4 2
```
이므로 **58**−**16**=**83**−**41**입니다.

06 (1)
```
   8 8        (2)    7 6
 − 1 3             − 1 1
 ───────           ───────
   7 5               6 5
```

07 석현이가 **30**을 뽑았으므로 차가 **30**이 되게 하는 나머지 수 카드는 **60**입니다. 따라서 준서는 **60**이 적힌 수 카드를 뽑아야 합니다.

08 뺄셈식을 세로로 계산할 때는 낱개의 수끼리, **10**개씩 묶음의 수끼리 자리를 맞추어 써야 합니다. 태윤이는 **10**개씩 묶음의 수와 낱개의 수를 맞추어 썼으므로 바르지 않습니다.

09 (수린이가 오늘 한 줄넘기의 수)
$=$ (수린이가 어제 한 줄넘기의 수) -12
$=96-12=84$(번)

10 **35**명의 사람에게 토끼 인형을 반값에 판매한다고 했는데, **13**명의 사람들이 줄을 섰으므로 앞으로 $(35-13)$명의 사람들이 반값에 토끼 인형을 살 수 있습니다.
➡ $35-13=22$(명)

11 (빨래터에 남은 사람의 수)
$=$ (빨래하던 사람의 수)
  $-$ (빨래를 끝내고 돌아간 사람의 수)
$=24-12=12$(명)

수해력을 완성해요 114~115쪽

대표 응용 1 2 / 8 / 8, 2

1-1 (왼쪽부터) 7, 3   **1-2** (왼쪽부터) 2, 8
1-3 4, 7   **1-4** 2

대표 응용 2 큰에 ○표, 작은에 ○표 / 46, 20 / 46, 20, 26
2-1 76, 13, 63   **2-2** 55, 3, 52
2-3 95, 14, 81   **2-4** 65, 10, 55

1-1
$$\begin{array}{r} \boxed{\text{㉠}}\ \ 6 \\ -\ 2\ \boxed{\text{㉡}} \\ \hline 5\ \ 3 \end{array}$$
$6-$㉡$=3$에서 $6-3=3$이므로 ㉡$=3$입니다.
㉠$-2=5$에서 $7-2=5$이므로 ㉠$=7$입니다.

1-2
$$\begin{array}{r} 5\ \ \boxed{\text{㉡}} \\ -\ \boxed{\text{㉠}}\ \ 1 \\ \hline 3\ \ 7 \end{array}$$
㉡$-1=7$에서 $8-1=7$이므로 ㉡$=8$입니다.
$5-$㉠$=3$에서 $5-2=3$이므로 ㉠$=2$입니다.

1-3
$$\begin{array}{r} 9\ \ 6 \\ -\ 2\ \blacktriangle \\ \hline \blacktriangledown\ \ 2 \end{array}$$
$6-\blacktriangle=2$에서 $6-4=2$이므로 $\blacktriangle=4$입니다.
$9-2=\blacktriangledown$에서 $9-2=7$이므로 $\blacktriangledown=7$입니다.

1-4
$$\begin{array}{r} \bullet\ \ 8 \\ -\ 2\ \ 6 \\ \hline 2\ \bigstar \end{array}$$
$8-6=\bigstar$에서 $8-6=2$이므로 $\bigstar=2$입니다.
$\bullet-2=2$에서 $4-2=2$이므로 $\bullet=4$입니다.
따라서 $\bullet$와 $\bigstar$의 차는 $4-2=2$입니다.

2-1 가장 큰 수: 76, 가장 작은 수: 13
➡ $76-13=63$

> **해설 플러스** 👑
> 차가 가장 큰 뺄셈식을 만들기 위해서는 가장 큰 수에서 가장 작은 수를 빼야 합니다.

2-2 가장 큰 수: 55, 가장 작은 수: 3
➡ $55-3=52$

2-3 가장 큰 수: 95, 가장 작은 수: 14
➡ $95-14=81$

2-4 가장 큰 수: 65, 가장 작은 수: 10
➡ $65-10=55$

3. 여러 가지 방법으로 덧셈, 뺄셈하기

118~119쪽

수해력을 높여요

01 17, 12, 29
02 12, 20, 32
03 17, 20, 37
04 35, 23, 12
05 56, 35, 21
06 (1) 23, 3, 20 (2) 35, 3, 32
07 예 24, 33, 57 / 33, 11, 44
08 예 15, 12, 3 / 18, 12, 6
09 현호
10 27, 14, 13 / 4
11 5, 38
12 24, 13, 11 / 4

01 사과가 17개, 수박이 12개 있으므로 사과와 수박의 합은 17+12=29(개)입니다.

02 수박이 12개, 참외가 20개 있으므로 수박과 참외의 합은 12+20=32(개)입니다.

03 사과가 17개, 참외가 20개 있으므로 사과와 참외의 합은 17+20=37(개)입니다.

04 분홍색 색종이는 35장, 노란색 색종이는 23장 있으므로 분홍색 색종이는 노란색 색종이보다 35−23=12(장) 더 많습니다.

05 하늘색 색종이는 56장, 분홍색 색종이는 35장 있으므로 하늘색 색종이는 분홍색 색종이보다 56−35=21(장) 더 많습니다.

06 (1) (사용하고 남은 노란색 색종이의 수)
    =23−3=20(장)
(2) (사용하고 남은 분홍색 색종이의 수)
    =35−3=32(장)

07 그림을 보고 만들 수 있는 덧셈식은 다음과 같습니다.
예 ① (오징어의 수)+(문어의 수)
     =24+33=57
② (문어의 수)+(해마의 수)=33+11=44
③ (오징어의 수)+(해마의 수)
     =24+11=35

08 **해설 나침반**
뺄셈식을 만들 때는 큰 수에서 작은 수를 빼야 합니다.

그림을 보고 만들 수 있는 뺄셈식은 다음과 같습니다.
예 ① (지우개의 수)−(자의 수)=15−12=3
② (풀의 수)−(자의 수)=18−12=6
③ (풀의 수)−(지우개의 수)=18−15=3

09 정빈: 40과 20을 더하면 60입니다. 그 수에 2와 4를 더해야 합니다.
수현: 42에 4를 더해서 46을 구한 뒤에는 2가 아닌 20을 더해야 합니다.
따라서 바르게 계산한 사람은 현호입니다.

10 잉어는 27마리, 금붕어는 14마리 있으므로 잉어는 금붕어보다 27−14=13(마리) 더 많습니다.
27−14는 27에서 4를 먼저 빼고, 그 수에서 다시 10을 빼서 계산할 수 있습니다.

11 달걀이 원래 23개 있었는데 15개를 더 샀으므로 달걀은 모두 23+15=38(개) 있습니다.
23+15는 20과 10을 더하고, 3과 5를 더해서 계산할 수 있습니다.

12 초가집은 24채, 기와집은 13채 있으므로 초가집은 기와집보다 24−13=11(채) 더 많습니다.
24−13은 20에서 10을 빼고, 4에서 3을 빼서 계산할 수 있습니다.

수해력을 완성해요

120~121쪽

대표 응용 1 8, 11, 8, 11, 19 / 15 / 19, 15, 4
1-1 24마리
1-2 13마리
1-3 13자루

대표 응용 2 24, 15 / 24, 15, 39
2-1 16, 21, 37
2-2 11, 18, 29
2-3 17, 12, 29 / 2

1-1 (꿀벌과 나비의 수의 합)=11+23=34(마리)
꿀벌과 나비의 수를 합하면 무당벌레의 수보다
34-10=24(마리) 더 많습니다.

1-2 (거북이와 꽃게 수의 합)=15+12=27(마리)
거북이와 꽃게 수의 합은 물고기의 수보다
27-14=13(마리) 더 많습니다.

1-3 (연필과 색연필 수의 합)=25+23=48(자루)
연필과 색연필 수의 합은 볼펜의 수보다
48-35=13(자루) 더 많습니다.

2-1 냉장고 윗칸에 복숭아 요거트 16개, 딸기 요거트
21개가 있으므로 윗칸에 있는 요거트는 모두
16+21=37(개)입니다.

2-2 옷장 아랫칸에 치마 11벌, 바지 18벌이 있으므로
아랫칸에 있는 옷은 모두 11+18=29(벌)입니다.

2-3 책장 윗칸에 동화책 17권, 위인전 12권이 있으므
로 윗칸에 있는 책은 모두 17+12=29(권)입니다.
17+12는 17에 10을 더하고, 다시 2를 더하여
계산할 수 있습니다.

🧙 **수해력을 확장해요**   122~123쪽

활동 1 풀이 참조   활동 2 풀이 참조

활동 1

$$\begin{array}{r} 1\ 5 \\ +\ \ \ 4 \\ \hline 1\ 9 \end{array}$$, 20+10=30 ➡ 19<30

36-10=26, $$\begin{array}{r} 5\ 4 \\ -\ 2\ 1 \\ \hline 3\ 3 \end{array}$$ ➡ 26<33

$$\begin{array}{r} 1\ 9 \\ +3\ 0 \\ \hline 4\ 9 \end{array}$$, $$\begin{array}{r} 2\ 7 \\ +3\ 2 \\ \hline 5\ 9 \end{array}$$ ➡ 49<59

$$\begin{array}{r} 8\ 7 \\ -\ 2\ 4 \\ \hline 6\ 3 \end{array}$$, $$\begin{array}{r} 5\ 2 \\ -\ 4\ 1 \\ \hline 1\ 1 \end{array}$$ ➡ 63>11

$$\begin{array}{r} 8\ 7 \\ +\ \ \ 1 \\ \hline 8\ 8 \end{array}$$, 35+64=99 ➡ 88<99

활동 2

12+2=14이므로 당근 14개를 색칠합니다.

27-14=13이므로 당근 13개를 색칠합니다.

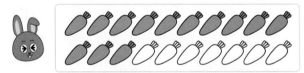

87-75=12이므로 당근 12개를 색칠합니다.

세 수의 덧셈과 뺄셈

1. 세 수의 덧셈과 뺄셈

128~129쪽

수해력을 확인해요

01 (계산 순서대로) 4, 9, 9 / 4, 4, 9
02 (계산 순서대로) 6, 9, 9 / 6, 6, 9
03 (계산 순서대로) 6, 7, 7 / 6, 6, 7
04 (계산 순서대로) 7, 8, 8 / 7, 7, 8
05 (계산 순서대로) 6, 9, 9 / 6, 6, 9
06 (계산 순서대로) 7, 8, 8 / 7, 7, 8
07 (계산 순서대로) 7, 9, 9 / 7, 7, 9
08 (계산 순서대로) 8, 9, 9 / 8, 8, 9

09 (계산 순서대로) 3, 1, 1 / 3, 3, 1
10 (계산 순서대로) 3, 2, 2 / 3, 3, 2
11 (계산 순서대로) 5, 2, 2 / 5, 5, 2
12 (계산 순서대로) 6, 5, 5 / 6, 6, 5
13 (계산 순서대로) 4, 2, 2/ / 4, 4, 2
14 (계산 순서대로) 6, 3, 3 / 6, 6, 3
15 (계산 순서대로) 5, 3, 3 / 5, 5, 3
16 (계산 순서대로) 3, 1, 1 / 3, 3, 1

수해력을 높여요

130~131쪽

01 3, 2, 7
02 1, 2
03 (1) 8 (2) 3
04 9−4−2에 색칠
05 ( )( )(○)
06
07 8
08 채은
09 9개
10 2개
11 2명
12 9개

---

01 노란 자동차가 2대, 빨간 자동차가 3대, 초록 자동차가 2대 있으므로 자동차의 수를 모두 더하면 2+3+2=7입니다.

02 개구리 6마리 중 3마리와 1마리가 나갔으므로 6−3−1=2입니다.

03 **해설 나침반**

세 수의 덧셈은 앞의 두 수를 더해 나온 수에 나머지 한 수를 더합니다. 세 수의 뺄셈은 앞의 두 수를 뺀 뒤 나머지 수를 뺍니다.

(1) $2+5+1=8$
$\quad\;\;\underbrace{}_{7}$
$\underbrace{}_{8}$

(2) $9-2-4=3$
$\;\;\underbrace{}_{7}$
$\underbrace{}_{3}$

04 · 8−5−1=3−1=2
· 9−4−2=5−2=3
➡ 3>2이므로 9−4−2가 더 큽니다.

05 · 8−1−3=7−3=4
· 9−2−2=7−2=5
· 3+1+2=4+2=6

06 · 4+2+1=6+1=7
· 6−2−3=4−3=1
· 8−3−2=5−2=3

07 3+3+2=6+2=8

08 세 수의 뺄셈은 앞에서부터 차례차례 계산해야 하므로 바르게 계산한 사람은 채은입니다.

해설 플러스

세 수의 덧셈은 순서를 바꾸어서 계산해도 결과가 같지만 세 수의 뺄셈은 앞에서부터 차례차례 계산해야 합니다.

09 (솜사탕의 수)
＝(토끼 모양 솜사탕의 수)＋(병아리 모양 솜사탕의 수)＋(판다 모양 솜사탕의 수)
＝3+5+1=8+1=9(개)

10 (병아리가 나오지 않은 달걀의 수)
＝(처음에 있던 달걀의 수)
　－(어제 병아리가 나온 달걀의 수)
　－(오늘 병아리가 나온 달걀의 수)
＝9－3－4＝6－4＝2(개)

11 (엘리베이터에 남은 사람의 수)
＝(엘리베이터에 타고 있던 사람의 수)
　－(3층에서 내린 사람의 수)
　－(2층에서 내린 사람의 수)
＝7－3－2＝4－2＝2(명)

12 (세 친구가 넣은 투호의 수)
＝(우진이가 넣은 투호의 수)
　＋(수호가 넣은 투호의 수)
　＋(진우가 넣은 투호의 수)
＝5＋2＋2＝7＋2＝9(개)

2-1 5－1－1＝4－1＝3,
　　7－1－2＝6－2＝4
따라서 두 뺄셈식의 차는 4－3＝1입니다.

2-2 7－2－1＝5－1＝4,
　　8－1－2＝7－2＝5
따라서 두 뺄셈식의 차는 5－4＝1입니다.

2-3 5－2－2＝3－2＝1,
　　6－2－2＝4－2＝2
따라서 두 뺄셈식의 합은 1＋2＝3입니다.

2-4 7－1－5＝6－5＝1,
　　6－1－2＝5－2＝3
따라서 두 뺄셈식의 합은 1＋3＝4입니다.

🐲 수해력을 완성해요　　　　　132～133쪽

대표 응용 1 1, 2, 3 / 채은, 서영, 하은

1-1 지후, 시현, 연아　　**1-2** 다은, 시윤, 서원

1-3 예원, 이한, 유진　　**1-4** 예서, 연우, 시영

⋯⋯⋯⋯⋯⋯⋯⋯⋯⋯⋯⋯⋯⋯⋯⋯⋯⋯⋯⋯⋯⋯⋯

대표 응용 2 1 / 3 / 3, 1, 2

2-1 1　　　　　　　**2-2** 1

2-3 3　　　　　　　**2-4** 4

1-1 1＋3＋4＝4＋4＝8이므로 지후, 시현, 연아의 수 카드를 모아야 합니다.

1-2 2＋3＋4＝5＋4＝9이므로 다은, 시윤, 서원이의 수 카드를 모아야 합니다.

1-3 1＋2＋4＝3＋4＝7이므로 예원, 이한, 유진이의 수 카드를 모아야 합니다.

1-4 1＋3＋5＝4＋5＝9이므로 예서, 연우, 시영이의 수 카드를 모아야 합니다.

2. 10이 되는 더하기, 10에서 빼기

🐸 수해력을 확인해요　　　　　136～137쪽

01 1, 9　　　　　　05 7, 3
02 3, 7　　　　　　06 9, 1
03 5, 5　　　　　　07 8, 2
04 4, 6　　　　　　08 6, 4
⋯⋯⋯⋯⋯⋯⋯⋯⋯⋯⋯⋯⋯⋯⋯⋯⋯⋯⋯⋯⋯⋯⋯
09 10, 3, 7　　　　13 10, 6, 4
10 10, 1, 9　　　　14 10, 7, 3
11 10, 4, 6　　　　15 10, 9, 1
12 10, 5, 5　　　　16 10, 8, 2

😠 **수해력을 높여요**

01 4, 6(또는 6, 4) 02 2, 8

03 (1) 10 (2) 4 04 (1) 9 (2) 3

05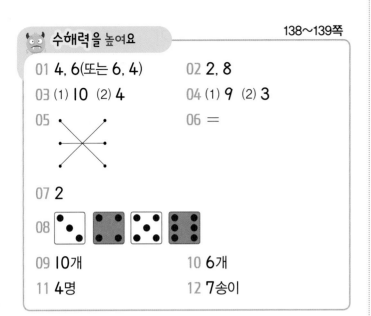

06 =

07 2

08

09 10개 10 6개

11 4명 12 7송이

01 꿀벌 4마리와 무당벌레 6마리의 합은
4+6=10입니다.

02 사과 10개에서 2개를 먹으면 남은 사과는
10-2=8입니다.

03 해설 **나침반**

더해서 10이 되는 두 수를 생각해 봐요.

더해서 10이 되는 두 수	
1, 9	9, 1
2, 8	8, 2
3, 7	7, 3
4, 6	6, 4
5, 5	

(1) 3과 7을 더하면 10입니다.
(2) 6과 4를 더하면 10입니다.

04 (1) 10에서 1을 빼면 9입니다.
(2) 10에서 7을 빼면 3입니다.

05 ・3+7=10
・5+5=10
・4+6=10

06 1+9=10, 7+3=10이므로 1+9=7+3입
니다.

07 8과 더해서 10이 되는 수는 2입니다.

08 3, 4, 5, 6 중에서 합이 10이 되는 두 수는 4와
6입니다.

09 (다람쥐가 주운 밤의 수)
=(처음에 주운 밤의 수)+(더 주운 밤의 수)
=8+2=10(개)

10 (남은 딸기의 수)
=(처음에 있던 딸기의 수)
  -(주현이가 먹은 딸기의 수)
=10-4=6(개)

11 기차에 친구들 6명이 타고 있는데 10명이 타면 출
발한다고 했으므로 6과 더해서 10이 되는 수를 구
합니다.
6과 더해서 10이 되는 수는 4이므로 4명이 더 타
면 기차가 출발합니다.

12 어제 핀 무궁화 3송이와 오늘 핀 무궁화 몇 송이를
더해서 10송이가 되었으므로 3과 더해서 10이 되
는 수를 구합니다.
3과 더해서 10이 되는 수는 7이므로 오늘 핀 무궁
화는 7송이입니다.

😈 **수해력을 완성해요**

대표 응용 **1** 9, 7, 8 / 9, 8, 7 / ㉠, ㉢, ㉡

1-1 ㉡, ㉢, ㉠ **1-2** ㉠, ㉡, ㉢

1-3 ㉡, ㉠, ㉢ **1-4** ㉠, ㉡, ㉣, ㉢

대표 응용 **2** 5 / 4 / 9

2-1 6 **2-2** 4

2-3 6, 8 **2-4** 2

1-1 ㉠ 10-6=4, ㉡ 10-2=8, ㉢ 10-4=6
➡ 8>6>4이므로 ㉡>㉢>㉠입니다.

1-2 ㉠ $10-1=9$, ㉡ $10-3=7$, ㉢ $10-5=5$
➡ $9>7>5$이므로 ㉠>㉡>㉢입니다.

1-3 ㉠ $10-7=3$, ㉡ $10-9=1$, ㉢ $10-2=8$
➡ $1<3<8$이므로 ㉡<㉠<㉢입니다.

1-4 ㉠ $10-8=2$, ㉡ $10-6=4$, ㉢ $10-2=8$,
㉣ $10-5=5$
➡ $2<4<5<8$이므로 ㉠<㉡<㉣<㉢입니다.

2-1 ・$10-$●$=6$이므로 ●$=4$입니다.
・♥$+8=10$이므로 ♥$=2$입니다.
➡ ●$+$♥$=4+2=6$

2-2 ・★$+9=10$이므로 ★$=1$입니다.
・$7+$♣$=10$이므로 ♣$=3$입니다.
➡ ★$+$♣$=1+3=4$

2-3 ・$10-$☺$=4$이므로 ☺$=6$입니다.
・$10-$✿$=2$이므로 ✿$=8$입니다.

2-4 ・●$+5=10$이므로 ●$=5$입니다.
・$10-$▲$=7$이므로 ▲$=3$입니다.
➡ ●$-$▲$=5-3=2$

3. 10을 만들어 더하고 빼기

수해력을 확인해요 146~147쪽

01	(1) 10	(2) (계산 순서대로) 10, 14, 14
02	(1) 10	(2) (계산 순서대로) 10, 11, 11
03	(1) 10	(2) (계산 순서대로) 10, 18 18
04	(1) 10	(2) 19
05	(1) 10	(2) 16
06	(1) 10	(2) 11
07	(1) 10	(2) 14
08	(1) 10	(2) 12

09	(1) 1	(2) (왼쪽부터) 1, 14
10	(1) 4	(2) (왼쪽부터) 4, 11
11	(1) 1	(2) (왼쪽부터) 1, 16
12	(1) 3	(2) (왼쪽부터) 3, 11
13	(1) 6	(2) (왼쪽부터) 4, 6
14	(1) 7	(2) (왼쪽부터) 6, 7
15	(1) 2	(2) (왼쪽부터) 5, 7
16	(1) 7	(2) (왼쪽부터) 1, 8

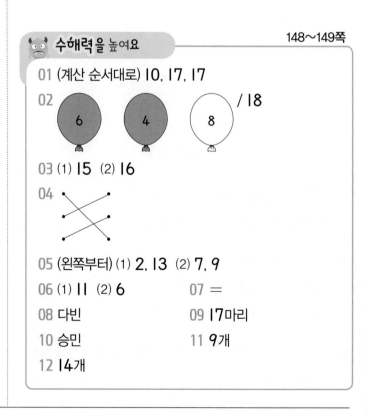

수해력을 높여요 148~149쪽

01 (계산 순서대로) 10, 17, 17

02 6 4 8 / 18

03 (1) 15 (2) 16

04 (교차 연결선)

05 (왼쪽부터) (1) 2, 13 (2) 7, 9

06 (1) 11 (2) 6   07 $=$

08 다빈   09 17마리

10 승민   11 9개

12 14개

01 앞의 두 수를 더해서 10을 만든 뒤 나머지 수를 더해 줍니다.

02 더해서 10이 되는 두 수는 6과 4입니다.
➡ $6+4+8=10+8=18$

03 해설 나침반
더해서 10이 되는 두 수를 먼저 더하고, 나머지 수를 더해 줍니다.

(1) $3+7+5=10+5=15$
(2) $6+9+1=6+10=16$

04 (1) $5+6+4=5+10$
(2) $5+5+2=10+2$
(3) $7+3+3=10+3$

05 (1) 5를 3과 2로 가르기 한 뒤 2와 8을 더해 10을 만들고, 남은 3을 더하면 13입니다.
(2) 8을 7과 1로 가르기 한 뒤 17에서 7을 빼고, 남은 10에서 1을 빼면 9가 됩니다.

06 해설 나침반
앞의 수를 가르기 할 수도 있고, 뒤의 수를 가르기 하여 구할 수도 있습니다.

(1) $8 + 3 = 11$ $8 + 3 = 11$
    2   1   또는   1   7

(2) $14 - 8 = 6$ $14 - 8 = 6$
    4   4   또는   10 4

07 $4+9=13$, $6+7=13$
➡ $4+9=6+7$

08 $13-4=9$, $16-9=7$이므로 바르게 계산한 친구는 다빈입니다.

09 (전체 토끼의 수)
= (흰 토끼의 수) + (갈색 토끼의 수)
   + (검정 토끼의 수)
= $6+7+4=10+7=17$(마리)

10 • 지민: $5+7+3=5+10=15$(번)
• 승민: $8+8=16$(번)
• 은서: $4+9=13$(번)
따라서 제기차기를 가장 많이 성공한 친구는 승민입니다.

11 (먹은 딸기의 수)
= (처음에 있던 딸기의 수) − (남은 딸기의 수)
= $18-9=9$(개)

12 (다람쥐가 모은 도토리의 수)
= (어제 모은 도토리의 수)
   + (오늘 모은 도토리의 수)
= $6+8=14$(개)

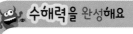 수해력을 완성해요   150~151쪽

대표 응용 1 10 / 10, 15 / 5
1-1 6   **1**-2 7
1-3 8   **1**-4 4

대표 응용 2 13, 11, 14 / 14, 13, 11 / 5, 9, 8, 3
2-1 | $7+8$ | $3+9$ | $6+5$ |
2-2 | $12-5$ | $17-9$ | $11-7$ |
2-3 | $11-5$ | $13-6$ | $14-9$ |
2-4 | $16-8$ | $13-9$ | $12-6$ |

1-1 $4+6+\square=16$
➡ $10+\square=16$ ➡ $\square=6$

1-2 $\square+2+8=17$

   ➡ $\square+10=17$ ➡ $\square=7$

1-3 $\square+5+5=18$

   ➡ $\square+10=18$ ➡ $\square=8$

1-4 $3+\square+6=13$

   ➡ $\square+6=10$ ➡ $\square=4$

2-1 $7+8=15, 3+9=12, 6+5=11$

   ➡ $15>12>11$이므로 $7+8$은 노란색,

   $6+5$는 빨간색으로 칠합니다.

2-2 $12-5=7, 17-9=8, 11-7=4$

   ➡ $8>7>4$이므로 $17-9$는 노란색,

   $11-7$은 빨간색으로 칠합니다.

2-3 $11-5=6, 13-6=7, 14-9=5$

   ➡ $7>6>5$이므로 $13-6$은 노란색,

   $14-9$는 빨간색으로 칠합니다.

2-4 $16-8=8, 13-9=4, 12-6=6$

   ➡ $8>6>4$이므로 $16-8$은 노란색,

   $13-9$는 빨간색으로 칠합니다.

인용 사진 출처

ⓒ 연합뉴스 우사인 볼트 97쪽

ⓒ 국립중앙박물관 개성 남계원 터 칠층석탑 97쪽

ⓒ Peter Horree / Alamy Stock Photo 빨래하는 아를의 여인 113쪽 11번